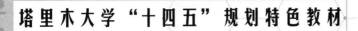

塔里木大学"十四五"规划特色教材

植物生理学
实验指导

韩占江　王海珍　主编

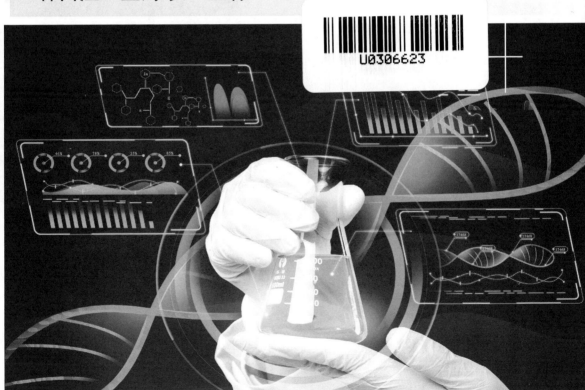

U0306623

中国农业科学技术出版社

图书在版编目(CIP)数据

植物生理学实验指导 / 韩占江,王海珍主编. --北京:中国农业科学技术出版社,2023.6

ISBN 978-7-5116-6227-9

Ⅰ.①植…　Ⅱ.①韩…②王…　Ⅲ.①植物生理学–实验–高等学校–教材　Ⅳ.①Q945-33

中国国家版本馆 CIP 数据核字(2023)第 044297 号

责任编辑	张国锋
责任校对	贾若妍　李向荣
责任印制	姜义伟　王思文

出 版 者	中国农业科学技术出版社
	北京市中关村南大街 12 号　　邮编:100081
电　　话	(010) 82106625 (编辑室)　(010) 82109702 (发行部)
	(010) 82109709 (读者服务部)
网　　址	https://castp.caas.cn
经 销 者	各地新华书店
印 刷 者	北京富泰印刷有限责任公司
开　　本	170 mm×240 mm　1/16
印　　张	9.75
字　　数	200 千字
版　　次	2023 年 6 月第 1 版　2023 年 6 月第 1 次印刷
定　　价	38.00 元

《植物生理学实验指导》
编写人员名单

主　编：韩占江　王海珍

副主编：王鹤萌　王彦芹　张　肖　应　璐

参　编：韦晓薇　张学柏　邓　芳　王凤娇

前　　言

　　植物牛理学是研究植物生命活动规律及其与环境相互关系、揭示植物生命现象本质的科学，是高等院校植物生产类和生物科学类各专业学生的必修专业基础课。植物生理学实验是植物生理学课程教学的重要组成部分，旨在加深学生对植物生理学基本概念、基本理论和实验原理的理解，提升学生的基本技能。

　　近年来，随着细胞生物学、生物化学、生物物理学和分子生物学等研究的迅速发展，许多先进的实验技术不断涌现和发展，这些新技术与传统的植物生理学实验方法相结合，推动植物生理学研究进入了一个新的时代。本实验指导编写内容既考虑适应现代植物生理学研究的发展趋势，又兼顾传统植物生理学研究需要，并结合当地植物生产实际，大部分实验都经过长期实验教学和科学研究的验证，适合作为高等院校的植物生理学实验教学参考教材，也可供相关专业研究人员参考使用。

　　本书由韩占江和王海珍统筹组织编写，内容分为基础性实验、综合性实验和设计性实验3个教学模块。具体内容包括植物的水分生理、植物的矿质营养、植物的光合作用、有机物质运输与分配、植物的呼吸作用、植物细胞信号转导、植物生长物质、植物的生长生理、植物的生殖生理、植物的成熟和衰老生理、植物的逆境生理11章44个实验。编者力求内容丰富、文字简练、重点突出。本书可作为高等院校本科生或研究生开设植物生理学或高级植物生理学课程的教材，也可作为广大科研工作者的参考书。

　　本书在编写过程中，得到了生物技术国家级一流本科专业、应用生物科学兵团级一流本科专业、植物生理学首批兵团高校课程思政示范课程等项目的资助，在此表示感谢；同时也借鉴和参考了多位同行的有关书籍、文献，在此谨向参阅资料的有关作者致以诚挚的谢意！

　　由于时间和水平有限，书中难免存在疏漏和不当之处，敬请不吝指正。

编　者

2022 年 5 月

目　　录

第一模块　基础性实验

第一章　植物的水分生理 ·· 2
　　实验 1　植物组织水势的测定 ··· 2
　　实验 2　植物组织渗透势的测定 ··· 6
　　实验 3　植物组织自由水和束缚水含量的测定 ······································· 8
　　实验 4　蒸腾速率的测定 ·· 10
第二章　植物的矿质营养 ·· 12
　　实验 5　植物溶液培养及缺素症观察 ··· 12
　　实验 6　植物根系活力的测定 ·· 16
　　实验 7　植物体内硝酸还原酶活性的测定 ·· 19
　　实验 8　植物体内硝态氮含量的测定 ··· 24
第三章　植物的光合作用 ·· 26
　　实验 9　叶绿体的分离制备及活力测定 ··· 26
　　实验 10　叶绿体色素的提取、分离及理化性质 ······································ 29
　　实验 11　叶绿体色素含量的测定 ·· 32
　　实验 12　植物光合速率的测定 ··· 35
第四章　有机物质运输与分配 ··· 38
　　实验 13　植物组织中可溶性糖含量的测定 ··· 38
　　实验 14　植物组织中淀粉含量的测定 ·· 42
　　实验 15　植物组织中可溶性蛋白质含量的测定 ····································· 44
第五章　植物的呼吸作用 ·· 47
　　实验 16　植物组织呼吸速率的测定 ··· 47
　　实验 17　呼吸商的测定 ··· 49
　　实验 18　抗坏血酸氧化物酶和多酚氧化酶活性的测定 ······························ 51
第六章　植物细胞信号转导 ··· 55
　　实验 19　植物细胞 G 蛋白活性的测定 ··· 55
　　实验 20　钙调素（CaM）总量的测定 ·· 60
　　实验 21　蛋白质磷酸化酶——钙依赖蛋白激酶活性的测定 ····················· 63
第七章　植物生长物质 ·· 66
　　实验 22　生长素类物质对植物根芽生长的影响 ······································ 66

实验 23　细胞分裂素对离体子叶的增重和保绿效应 ·············· 72

实验 24　脱落酸的生物鉴定法 ·························· 75

第八章　植物的生长生理 ······························ 77

实验 25　种子生活力的快速鉴定 ····················· 77

实验 26　光质对种子萌发的影响 ····················· 82

第九章　植物的生殖生理 ······························ 84

实验 27　植物春化和光周期现象的观察 ················· 84

实验 28　花粉活力的测定 ·························· 87

第十章　植物的成熟和衰老生理 ························ 90

实验 29　谷物种子蛋白质组分的分析 ················· 90

实验 30　种子粗脂肪含量的测定 ····················· 92

实验 31　油菜籽中硫代葡糖苷总量的测定 ············· 95

第十一章　植物的逆境生理 ···························· 98

实验 32　游离脯氨酸含量的测定 ····················· 98

实验 33　植物组织中丙二醛含量的测定 ················· 101

实验 34　植物细胞膜透性的测定 ····················· 104

实验 35　植物保护酶（CAT、POD、SOD）活性的测定 ····· 107

实验 36　甜菜碱含量的测定 ·························· 115

第二模块　综合性实验

实验 37　胡杨水分状况的测定 ························ 119

实验 38　新疆长绒棉对氮素缺乏的生理反应 ············· 120

实验 39　植物衰老过程中叶片气体交换、叶绿素荧光参数的分析 ····· 121

实验 40　低温对植物幼苗抗冷性的影响 ················· 122

实验 41　CaCl₂ 在植物抗旱性中的作用 ················ 123

实验 42　重金属对植物生长的影响 ···················· 124

第三模块　设计性实验

实验 43　不同贮藏条件对新疆瓜果品质的影响 ············· 126

实验 44　盐环境对密胡杨幼苗生长、解剖结构及生理生化的影响 ····· 127

附录　试剂配制的基本知识 ···························· 129

参考文献 ···································· 146

第一模块　基础性实验

第一章　植物的水分生理

实验1　植物组织水势的测定

【实验目的】

1. 掌握小液流法测定水势的原理和方法。

2. 了解水势作为合理灌溉生理指标的实践意义。

【实验原理】

植物体内各种生理活动与其水分状况密切相关，植物组织的水分状况可以用水势来表示。水势是每偏摩尔体积水的化学势差。植物体内细胞之间、组织之间以及土壤–植物–大气连续体系中，水分都是沿着水势梯度运动的。测定植物组织水势可了解植物体内水分状况及判断水分移动方向，叶水势可作为合理灌溉的生理指标指导灌溉。目前，植物组织水势的测定方法主要有：液相平衡法（如小液流法）、折光仪法、压力平衡法（如压力室法）、气相平衡法（如露点法、热电偶或热敏电阻干湿球湿度计法测水势和渗透势）。小液流法操作简便，但精确性差。

将植物组织分别放入一系列浓度递增的溶液中，植物组织与外界溶液之间将发生水分交换，有以下 3 种情况。

① 若 $\varPsi_w^{组织} < \varPsi_w^{外液}$，组织吸水，外液浓度变大，比重变大，回滴时液滴向下运动；

② 若 $\varPsi_w^{组织} > \varPsi_w^{外液}$，组织失水，外液浓度变小，比重变小，回滴时液滴向上运动；

③ 若 $\varPsi_w^{组织} = \varPsi_w^{外液}$，水分净交换为零，外液浓度和比重都不变，回滴时液滴静止不动。该浓度的溶液即为植物组织的等渗溶液，其渗透势就等于植物组织的水势。由于溶液的浓度是已知的，可以用公式（$\varPsi_w^{组织} = \varPsi_w^{外液} = -iCRT$）计算出植物组织的水势。

【材料】

新鲜植物叶片，最好是相同叶位的功能叶，现采现测，避免失水。

【仪器与用具】

带塞青霉素小瓶、带塞试管、移液管（10 mL、1 mL）、毛细吸管、橡皮塞、打孔器、解剖针、玻璃棒、试管架、洗耳球。

【试剂】

1. 1 mol/L CaCl₂ 溶液（或 1 mol/L 蔗糖溶液）。

2. 甲烯蓝粉末。

【实验步骤】

1. 配制梯度溶液。

取干燥洁净试管 6 支，编号①→⑥，按表 1-1 依次在①→⑥号试管中加入 1 mL、2 mL、3 mL、4 mL、5 mL、6 mL 1 mol/L 的 CaCl₂ 溶液，再依次加入 9 mL、8 mL、7 mL、6 mL、5 mL、4 mL 蒸馏水，盖上塞子，上下颠倒充分摇匀，使之成为均一溶液，即得到浓度分别是 0.1 mol/L、0.2 mol/L、0.3 mol/L、0.4 mol/L、0.5 mol/L、0.6 mol/L 的 CaCl₂ 梯度溶液，作为甲组。

表 1-1　CaCl₂ 梯度溶液的配制

试剂	试管编号					
	1	2	3	4	5	6
1 mol/L 的 CaCl₂ 母液/mL	1	2	3	4	5	6
蒸馏水/mL	9	8	7	6	5	4
配制 CaCl₂ 溶液浓度/（mol/L）	0.1	0.2	0.3	0.4	0.5	0.6

取干燥洁净的青霉素瓶 6 个，编号①→⑥，用 6 支 1 mL 移液管分别从编号相同的甲组试管中准确移取 1 mL 不同浓度的 CaCl₂ 溶液到编号相同的青霉素瓶中，随即盖上瓶盖，作为乙组。

2. 取样及水分交换。

选取 1 片健康新鲜的待测叶片，用打孔器在主脉附近和叶边缘处分别钻取高水势、低水势的叶圆片各 5 个（混合后接近叶片平均水势），用玻璃棒一起捅入青霉素瓶中，使之完全浸于 1 mL 溶液中，盖上瓶盖，依次迅速钻取叶圆片到 6 个青霉素瓶后计时，放置 30 min，期间轻轻摇动几次，以加速叶片和外界溶液之间的水分平衡。

3. 染色。

到预定时间后，用解剖针挑取微量的甲烯蓝粉末投入青霉素瓶中摇匀，使各瓶中的溶液尽可能染成较为一致的淡蓝色（颜色不可过深）。

4. 回滴。

分别用 6 支干燥洁净的毛细吸管从乙组青霉素瓶中吸取少量的淡蓝色液体，插入编号相同的甲组试管溶液的中部，轻轻而缓慢地释放出蓝色液滴（图 1-1），同时观察液滴的运动情况，依次完成

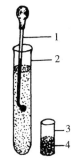

1. 带皮头的毛细吸管；2. 试管；
3. 青霉素小瓶；4. 叶小圆片

图 1-1　水势测定装置

操作，记录各管蓝色液滴运动情况于表1-2。根据实验结果判定待测叶片等渗溶液的浓度。如果某一管中的蓝色液滴悬浮不动，则说明该管溶液与小液流的密度相等，叶组织与该浓度外液之间未发生水分交换，该溶液即为叶片的等渗溶液，其渗透势则等于叶片的水势；在前一试管中蓝色液滴下沉，在后一试管中蓝色液滴上浮，则表明所测叶片的水势介于这两溶液的水势之间，取二者浓度的平均值计算叶水势。可以继续在两浓度之间配制梯度溶液，重复上述操作步骤。

【数据记录】

表1-2　实验结果记录

试管编号	1	2	3	4	5	6
CaCl$_2$ 溶液浓度/（mol/L）	0.1	0.2	0.3	0.4	0.5	0.6
蓝色小液流运动方向						

注：可用"↑"表示液滴向上运动；"↓"表示液滴向下运动；"←→"表示液滴静止不动。

【结果计算】

根据实验结果判断所测叶片的等渗溶液浓度 C，代入以下公式计算叶组织水势。

$$\Psi_w^{组织} = \Psi_w^{外液} = -iCRT$$

式中：$\Psi_w^{组织}$ 为组织水势；$\Psi_w^{外液}$ 为溶液渗透势；i 表示解离系数（蔗糖=1；CaCl$_2$=2.60）；C 为等渗溶液浓度（mol/L）；R 为气体常数：0.008 314 L MPa/（mol·K）；T 为热力学温度（273+t℃，t 为实验时室内摄氏温度）。

【注意事项】

1. 配制 CaCl$_2$ 溶液或糖溶液时浓度要准确，并充分摇匀，使之成为密度均一的溶液。

2. 取样打孔时要避开大叶脉，混合取样使叶圆片水势都接近于待测叶的平均水势。

3. 在30 min 内，一定要不断摇动，确保每个叶圆片与外液都进行充分的水分交换。

4. 加入甲烯蓝粉末染色时一定要确保染成基本一致的淡蓝色，便于区分色差观察，避免由于染色过深或不匀对实验产生的影响。

5. 用毛细吸管回滴时要缓慢释放液滴，同时观察液滴运动情况；忌用力挤；向外抽出时也一定要缓慢，以免因惯性影响蓝色液滴运动而产生假象。

6. 各个浓度移液管和毛细吸管要专用。

【思考题】

1. 画出实验流程图。

2. 植物组织水势的高低由哪些因素所决定？

3. 测定植物组织水势有何实践意义？

实验 2 植物组织渗透势的测定

【实验目的】

1. 掌握渗透势测定的原理和方法。

2. 了解渗透势对植物生长的影响。

【实验原理】

成熟的植物细胞是一个渗透系统，活细胞的生物膜（如质膜和液泡膜）具有选择透性。将植物组织细胞置于对其无毒害的外界溶液中处理一定时间，两者间会进行水分移动，水分移动的方向与速率决定于细胞液与外界溶液的水势差。当细胞与外界高渗溶液（即低水势溶液）接触时，细胞内的水分外渗，原生质体随着液泡一起收缩而发生质壁分离。若植物组织细胞内的细胞液与其周围的某种溶液处于渗透平衡状态，水分的净迁移为零，此时植物细胞的压力势为零，因具大液泡细胞的衬质势很小，可忽略不计，因此细胞液的渗透势就等于该外界溶液的渗透势。

当用一系列梯度浓度的溶液观察植物细胞质壁分离现象时，细胞的等渗浓度将介于刚刚引起质壁分离的浓度和不能引起质壁分离的浓度之间的溶液浓度。通常把视野中有 50% 的细胞发生角隅质壁分离定为初始质壁分离，因而可把引起细胞初始质壁分离的外界溶液称为等渗溶液，而该溶液的渗透势即等于细胞的渗透势。由于很难找到正好引起 50% 细胞发生质壁分离的浓度，因此通常将观察到的引起质壁分离的最低浓度与不能引起质壁分离的最高浓度的平均值视为等渗溶液浓度，代入公式 $\Psi_s = -iCRT$，即可计算出外界溶液的渗透势，从而得出植物细胞渗透势。

【材料】

洋葱。

【仪器与用具】

显微镜、镊子、刀片、玻片（载玻片与盖玻片）、培养皿、温度计。

【试剂】

0.1 mol/L、0.2 mol/L、0.3 mol/L、0.4 mol/L、0.5 mol/L、0.6 mol/L 的蔗糖溶液。

【实验步骤】

1. 配制一系列不同浓度的蔗糖溶液，浓度分别为 0.1 mol/L、0.2 mol/L、0.3 mol/L、0.4 mol/L、0.5 mol/L、0.6 mol/L。

2. 取 6 个培养皿，编号，分别吸取上述浓度的蔗糖溶液各 10 mL 放于培养皿内。

3. 用镊子撕取洋葱的内/外表皮投入各浓度的蔗糖溶液中，使其完全浸没。

投入时先从高浓度开始，每隔 5 min 向下一浓度放 2~3 片洋葱表皮。

4. 洋葱表皮在各浓度的蔗糖溶液中处理 30 min 后，从高浓度开始依次取出表皮放到显微镜下观察，表皮放在载玻片上，滴上同样浓度的溶液 1 滴，盖上盖玻片，在显微镜（低倍镜即可）下观察细胞质壁分离的情况，记录数据（表 2-1）。

【数据记录】

表 2-1 实验结果记录

不能引起质壁分离的最高浓度 C_1	引起质壁分离的最低浓度 C_2	室温 t

【结果计算】

根据实验结果判断所测细胞的等渗溶液浓度 C，C 为 C_1 和 C_2 的平均值代入以下公式计算叶组织渗透势。

$$\varPsi_s = -iCRT$$

式中：$\varPsi_s$ 为组织渗透势；i 表示解离系数（蔗糖为 1）；C 为等渗溶液浓度（mol/L）；R 为气体常数：0.008 314 L MPa/（mol·K）；T 为热力学温度（273+t℃，t 为实验时室内摄氏温度）。

【注意事项】

1. 植物材料要一致，采用洋葱同一表皮材料。
2. 尽量选择紫色洋葱外表皮或带有色素的其他植物组织材料，以便于观察。

【思考题】

1. 画出实验流程图。
2. 为什么要将洋葱外表皮内侧面向下浸入蔗糖液中？
3. 质壁分离方法能精确测定植物组织渗透势吗？为什么？

实验 3　植物组织自由水和束缚水含量的测定

【实验目的】

1. 掌握植物组织自由水和束缚水含量的测定原理和方法。

2. 学会阿贝折射仪的使用方法。

【实验原理】

植物组织中水分有自由水和束缚水两种存在状态。自由水易于流动和蒸发，可以作溶剂；束缚水难以蒸发，不可以作溶剂。根据这两种水的性质不同将其分离，然后再分别测定含量。分离的方法是将待测的植物组织放入浓度很高的蔗糖溶液中脱水，如果蔗糖溶液的浓度足够高，体积足够大，那么在达到平衡时组织绝大部分的自由水将进入蔗糖溶液，根据蔗糖溶液浓度的变化、质量以及植物组织的鲜重可以求出植物组织中自由水含量，同时用烘干的方法测定出植物组织的含水量，束缚水含量等于植物组织含水量与自由水含量的差。

【材料】

植物叶片。

【仪器与用具】

阿贝折射仪、天平（感量 0.1 mg）、烘箱、干燥器、称量瓶、打孔器、烧杯、瓷盘。

【试剂】

60%~65%的蔗糖溶液。

【实验步骤】

1. 取称量瓶 6 个，分别称重。

2. 在田间选取生长一致的植物功能叶数片。

3. 用打孔器在叶子的半边打取小圆片共 150 片，分别放入 3 个称量瓶中（每瓶装 50 片），盖紧。从另半片叶子上同样打取 150 片，立即放入另 3 个称量瓶中，盖紧，以免水分损失。

4. 把 6 瓶样品准确称重后，将其中 3 瓶于 105 ℃下杀青 15 min，80 ℃下烘至恒重，求出组织含水量。另 3 瓶中各加入 60%~65%的蔗糖溶液 3~5 mL，再准确称重，算出糖液质量。

5. 把加蔗糖的 3 个称量瓶放在暗处 4~6 h，期间不时轻加摇动。

6. 到预定时间后，用阿贝折射仪测定糖液浓度，同时测定原来的糖液浓度，记录在表 3-1 中。

【数据记录】

表 3-1　实验结果记录

编号	称量瓶质量 m_1	称量瓶与小圆片质量 m_2	称量瓶与烘干小圆片质量 m_3	称量瓶与小圆片及糖液质量 m_4	糖液原来的浓度 C_1	浸过植物组织后的糖液浓度 C_2

【结果计算】

植物组织的总含水量（%）＝（m_2-m_3）／（m_2-m_1）×100

植物组织中自由水的含量（%）＝（m_4-m_2）×（C_1-C_2）／〔（m_2-m_1）× C_2〕×100

植物组织中束缚水的含量（%）＝组织总含水量－组织中自由水含量

【注意事项】

1. 用于计算含水量的叶片要在生长状况、部位、叶龄等方面一致。

2. 用阿贝折射仪测定蔗糖浓度时，要注意校正和控制温度。

3. 每个测定必须有 3 个以上的重复。称重要迅速，盖子尽量密封，以减少水分散失，保证测定的准确度。

【思考题】

1. 画出实验流程图。

2. 植物组织中自由水与束缚水的生理作用有何不同？

3. 自由水/束缚水比值的大小与植物代谢、生长及抗逆性有何关系？

实验4 蒸腾速率的测定

【实验目的】

掌握用离体快速称重法测定植物蒸腾速率的原理和方法。

【实验原理】

植物蒸腾失水，重量减轻，故可用称重法测得植物材料在一定时间内所失水量而算出蒸腾速率。

【材料】

带枝植物叶片。

【仪器与用具】

天平、镊子、剪刀、白纸片、夹子。

【实验步骤】

1. 蒸腾测定。

在待测植株上选一枝条，重5~100 g，叶面积1~3 dm²，然后剪下立即进行第一次称重，称重后记录时间和质量并迅速放回原处（可用夹子将离体枝条夹在原母枝上），在原来的环境下蒸腾。快到3 min或5 min时，迅速取下进行第二次称重，准确记录3 min或5 min内的蒸腾失水量。

2. 叶面积测定。

用叶面积仪或剪纸称重法获取所测枝条上的叶面积（dm²），记录在表4-1中。

【数据记录】

表4-1 实验结果记录

植物及部位	生长情况	重复	开始时间	叶面积	测定时间	蒸腾水量	当时天气	气孔开闭	备注

【结果计算】

按下式求出蒸腾速率。

蒸腾速率 $[mgH_2O/(dm^2 \cdot h)]$ =蒸腾水量/（叶面积×时间）

【注意事项】

1. 针叶树之类不便计算叶面积的植物，可于第二次称重后摘下针叶，再称枝条重，用第一次称得的重量减去摘叶后枝条重，即为针叶（蒸腾组织）的原始鲜重，再求出蒸腾速率。

2. 植物叶片在离体后的短时间内（数分钟），蒸腾失水不多时，失水速率可保持不变，但随着失水量的增加，气孔开始关闭，蒸腾速率将逐渐减少，故此实验应快速（在数分钟内）完成。

3. 一般植物也可以鲜重为基础计算蒸腾速率，但应将嫩梢计算在蒸腾组织的质量之内。

4. 比较不同时间（晨、午、晚、夜）、不同部位（上、中、下）、不同环境（温、湿、风、光）或不同植物的蒸腾速率，记录结果及当时气候条件，并加以分析。

5. 在测定蒸腾速率的同时，可附测气孔开闭情形以作参考。

【思考题】

1. 画出实验流程图。

2. 一般植物的蒸腾速率是多少？

3. 测定蒸腾速率在水分生理研究中有何意义？

4. 测定蒸腾速率为何要考虑到天气情况和气孔开闭情况？

第二章　植物的矿质营养

实验5　植物溶液培养及缺素症观察

【实验目的】

1. 了解植物溶液培养、必需元素的概念。

2. 学习溶液培养的技术，证明 N、P、K、Ca、Mg、Fe 等元素对植物生长发育的重要性。

3. 掌握植物缺乏必需元素所产生的各种症状特征。

【实验原理】

用植物必需的矿质元素按一定比例配成培养液来培养植物，可使植物正常生长发育，如缺少某一必需元素，植物则会表现出缺素症，将所缺元素加入培养液中，缺素症状又可逐渐消失。

【材料】

高活力玉米（或番茄、向日葵）种子。

【仪器与用具】

恒温培养箱、培养缸、棉花、通气玻璃管、pH 试纸、量筒（1 000 mL）、烧杯（1 000 mL）、洗耳球、移液管、容量瓶、磁力搅拌器、电子天平等。

【试剂】

硝酸钾、硫酸镁、磷酸二氢钾、硫酸钾、硫酸钠、磷酸二氢钠、硝酸钠、硝酸钙、氯化钙、硫酸亚铁、硼酸、氯化锰、硫酸铜、硫酸锌、钼酸、盐酸、石英砂或珍珠岩、乙二胺四乙酸钠（EDTA-Na$_2$）。所有药品均为分析纯试剂。

【实验步骤】

1. 幼苗的培养。

选取饱满的玉米种子或番茄种子，在 28~30 ℃下浸泡 24 h，然后播于盛有石英砂或珍珠岩的白瓷盘中。在 20~28 ℃下，玉米培养 8~10 d，番茄培养 15~18 d，当幼苗长出第 2 片真叶时，便可作为溶液培养材料。

2. 大量元素贮备液的配制。

按表 5-1 中所列各化合物的质量浓度，分别配制贮备液 1 000 mL（均用蒸馏水配制）。

表 5-1　大量元素贮备液配制

药品	浓度（g/L）
$Ca(NO_3)_2 \cdot 4H_2O$	236
KNO_3	102
$MgSO_4 \cdot 7H_2O$	98
KH_2PO_4	27
K_2SO_4	88
$CaCl_2$	111
NaH_2PO_4	24
$NaNO_3$	170
Na_2SO_4	21
$EDTA-Fe\begin{cases} EDTA-Na_2 \\ FeSO_4 \cdot 7H_2O \end{cases}$	7.45 5.57

3. 微量元素贮备液的配制。

称取 H_3BO_3 2.86 g、$MnCl_2 \cdot 4H_2O$ 1.81 g、$CuSO_4 \cdot 5H_2O$ 0.08 g、$ZnSO_4 \cdot 7H_2O$ 0.22 g、$H_2MoO_4 \cdot H_2O$ 0.09 g，溶于 100 mL 蒸馏水中。

4. 培养液的配制。

按表 5-2 方法，各配 1 000 mL，并将 pH 值调至 5~6。

表 5-2　培养液的配制

贮备液/mL	完全	缺 N	缺 P	缺 K	缺 Ca	缺 Mg	缺 Fe
$Ca(NO_3)_2 \cdot 4H_2O$	5	—	5	5	—	5	5
KNO_3	5	—	5	—	5	5	5
$MgSO_4 \cdot 7H_2O$	5	5	5	5	5	—	5
KH_2PO_4	5	5	—	—	5	5	5
K_2SO_4	—	5	5	—	—	—	—
$CaCl_2$	—	5	—	—	—	—	—
NaH_2PO_4	—	—	—	5	—	—	—
$NaNO_3$	—	—	—	5	5	—	—
Na_2SO_4	—	—	—	—	—	5	—
$EDTA-Fe$	5	5	5	5	5	5	—
微量元素	1	1	1	1	1	1	1

5. 移植。

取 7 个培养缸，将配好的培养液盛于培养缸中，贴上标签，注明日期、实验组别及缺乏某种元素。

选取生长一致的玉米幼苗，去除胚乳后将地上部穿过培养缸盖的孔口，用少许棉花把植株固定。每个培养缸 3 株幼苗，剩下的一个孔口插入一只玻璃管，用于给培养液通气。移植完毕后，将培养缸放在玻璃网室中培养。

6. 培养和观察。

实验开始后每天给培养液通气 1 次。培养 1 周后，每两天观察记录 1 次，用 pH 试纸检查培养液的 pH 值，如果 pH 值高于 6 或低于 5，应用稀酸或稀碱调整 pH 值至 5~6。

培养 2 周后，更换一次培养液，注意记录缺乏必需元素的植株所表现的症状及最先出现病症的部位，并拍照。

实验约 28 d 结束，把所有的植株取出做最后的观察和记录，拍照，并将结果记录于表 5-3 中。

【数据记录】

表 5-3　实验结果记录

观察日期	观察项目	茎的颜色	叶片颜色	病症部位	病症表现
	完全				
	缺 N				
	缺 P				
	缺 K				
	缺 Ca				
	缺 Mg				
	缺 Fe				

【结果分析】

根据实验过程中所观察记录的 N、P、K、Fe、Ca、Mg 缺乏各处理植株各部位的生理症状，结合理论课程中学习到的各必需元素的生理作用知识，分析植物在缺乏必需元素时的生理症状及生理作用之间的内在联系。

【注意事项】

1. 培养液配好后以及在培养过程中，要将其 pH 值调整到 5~6。pH 值太低会对根产生伤害，pH 值太高会抑制植物生长。

2. 所谓生长一致的幼苗是指植株高矮、粗细和叶片数一致的幼苗。

3. 在移栽过程中尽量不要伤到幼苗。番茄幼苗在移栽过程中，应与玉米相反，植株从上往下穿过培养缸孔口，以免损伤根系。

4. 用棉花固定幼苗时，松紧要适当，太紧会伤害幼苗，太松会掉入培养缸。

5. 为了使根系氧气充足，每天定时向培养液中充气，或在盖与溶液间保留一定空隙，以利通气。

6. 培养液每隔 1 周需更换 1 次。注意记录缺乏必需元素时所表现的症状和最先出现症状的部位。

7. 待各缺素培养液中的幼苗表现出明显症状后，可把缺素培养液一律更换为完全培养液，观察症状逐渐消失的情况，并记录结果。

【思考题】

1. 画出实验流程图。

2. 比较植株缺乏 N、P、K、Ca、Mg、Fe 元素的病症有哪些异同，为什么？

3. 为什么说溶液培养是研究植物矿质营养的重要方法？

实验 6　植物根系活力的测定

【实验目的】

1. 掌握 TTC 法测定根系活力的原理和方法。

2. 了解根系活力测定的意义。

【实验原理】

氯化三苯基四氮唑（TTC）是一种氧化还原色素，溶于水中成无色溶液，但可被根系细胞内的琥珀酸脱氢酶等还原，生成红色而不溶于水的三苯甲腙（TTF），因此，TTC 还原强度可在一定程度上反映根系活力。

TTC　　　　　　　　　　　　　　　TTF

【材料】

植物根系。

【仪器与用具】

分光光度计、天平、恒温震荡箱、研钵、三角瓶（100 mL）、漏斗、移液管（10 mL、2 mL、0.5 mL）、刻度试管（20 mL）、容量瓶（10 mL）、小培养皿、试管架。

【试剂】

1. 乙酸乙酯（分析纯）。

2. 连二亚硫酸钠（$Na_2S_2O_4$，为强还原剂，俗称保险粉）。

3. 10 g/L TTC 溶液：准确称取 TTC 1.0 g，溶于少量蒸馏水中，定容至 100 mL。

4. 4 g/L TTC 溶液：准确称取 TTC 0.4 g，溶于少量蒸馏水中，定容至 100 mL。

5. 磷酸缓冲液（1/15 mol/L，pH 值 7.0）。

6. 1 mol/L 硫酸：用量筒量取相对密度 1.84 的浓硫酸 55 mL，边搅拌边加入盛有 500 mL 蒸馏水的烧杯中，冷却后稀释至 1 000 mL。

7. 0.4 mol/L 琥珀酸钠：称取琥珀酸钠（含 6 个结晶水）10.81 g，溶于蒸馏水，定容至 100 mL。

【实验步骤】

1. 定性观察。

（1）反应液的配制：将 10 g/L TTC 溶液、0.4 mol/L 琥珀酸和磷酸缓冲液 pH 值 7.0 按 1∶5∶4 混合。

（2）将待测根系仔细洗净后小心吸干，浸入盛有反应液的三角烧瓶中，置于 37 ℃暗处恒温震荡箱，观察着色情况，新根尖端几毫米以及细侧根都明显变红，表明该处有脱氢酶存在。

2. 定量测定。

（1）TTC 标准曲线的制作。吸取 4 g/L TTC 溶液 0.25 mL 放入 10 mL 容量瓶，加少许 $Na_2S_2O_4$ 粉末，摇匀后立即产生红色的 TTF。再用乙酸乙酯定容至刻度，摇匀。然后分别取此液 0.25 mL、0.50 mL、1.00 mL、1.50 mL、2.00 mL 置 10 mL 容量瓶中，用乙酸乙酯定容至刻度，即得到含 TTC 25 μg、50 μg、100 μg、150 μg、200 μg 的标准比色系列，以空白作参比，在 485 nm 波长下测定吸光度，绘制标准曲线。

（2）称取根样品 0.5 g，放入小培养皿（空白试验先加硫酸再加入根样品，其他操作相同），加入 4 g/L TTC 溶液和磷酸缓冲液的等量（1∶1）混合液 10 mL，使根充分浸于溶液内，37 ℃暗处恒温振荡箱中振荡培养 1 h 后，加入 1 mol/L 硫酸 2 mL，停止反应。

（3）把根取出，吸干水分后与乙酸乙酯 3~4 mL 和少量石英砂一起磨碎，以提出 TTF，把红色提取液移入试管，用少量乙酸乙酯洗涤残渣 2~3 次，皆移入试管，最后加乙酸乙酯定容为 10 mL，用分光光度计在 485 nm 下比色，以空白作参比，记录吸光度，查标准曲线，求出四氮唑还原量，记录在表 6-1 中。

【数据记录】

表 6-1　实验结果记录

样品质量 m	A_{485}	从标准曲线上查得的 TTC 还原量	提取液体积 V	显色时间 t

【结果计算】

$$TTC\ 还原强度\ [μg/(g·h)] = C/(m×t)$$

式中：C 为从标准曲线上查得 TTC 还原量（μg）；m 为样品质量（g）；t 为反应时间（h）。

【注意事项】

1. 反应时间的长短因根系活力的差异而不同，以目测有差异为度，若时间太长，则显色的差异测不出来。

2. 根系应吸干水分但不能用力挤压伤及细胞，以保证测定准确性。

【思考题】

1. 画出实验流程图。

2. 测定植物的根系活力有何意义？

3. 设计不同处理，测定根系活力，分析所得实验结果。

实验7 植物体内硝酸还原酶活性的测定

【实验目的】

1. 掌握硝酸还原酶活性的测定原理和方法。
2. 了解离体测定法和活体测定法的主要区别和优缺点。

【实验原理】

硝酸还原酶（NR）是植物利用硝态氮肥的第一个关键酶，也是限速酶，处于植物氮代谢的关键位置，在植物生长发育中具有重要作用。它与植物吸收利用硝态氮肥有关，对农作物的产量和品质有重要影响，其活性高低可作为作物育种、营养诊断或农田施肥的生理指标。NR 活性的测定有活体法和离体法 2 种。活体法步骤简单，适合快速、多组测定；离体法复杂，但重复性较好。

植物吸收的硝酸根离子，首先通过硝酸还原酶的催化，被还原成亚硝酸根离子。其反应如下。

$$NO_3^- + NADH + H^+ \xrightarrow{NR} NO_2^- + NAD^+ + H_2O$$

亚硝酸盐与对氨基苯磺酸（或对氨基苯磺酰胺）在酸性条件下反应生成重氮盐，重氮盐再与 α-萘胺（或盐酸萘乙二胺）反应生成红色的偶氮化合物。生成的红色偶氮化合物在 540 nm 处有最大吸收峰，可用分光光度法测定。硝酸还原酶活性可由产生的亚硝态氮的量表示。一般以 μgN／（gFW·h）来表示酶活性单位。

【材料】

照过光的新鲜植物叶片（小麦或棉花、蔬菜，最好测定前施用过硝态氮肥）。

一、活体法

【仪器与用具】

电子天平、分光光度计、真空泵、真空干燥器、恒温培养箱、大试管、移液管、烧杯、打孔器、吸水纸等。

【试剂】

1. 5 μg/mL NO_2^--N 标准母液配制：准确称取 $NaNO_2$ 0.100 0 g，溶于蒸馏水后定容至 100 mL，吸取 5 mL 再用蒸馏水定容至 1 000 mL，即为含亚硝态氮 5 μg/mL 的标准液。

2. 0.1mol/L pH 值 7.5 的磷酸缓冲液：称取 Na_2HPO_4·$12H_2O$ 30.090 5 g、NaH_2PO_4·$2H_2O$ 2.496 5 g，用蒸馏水溶解，准确定容至 1 000 mL。

3. 1%对氨基苯磺酸（W/V）溶液配制：称取 1.0 g 对氨基苯磺酸加 25 mL 浓盐酸，用蒸馏水稀释至 100 mL。

4. 0.2% α-萘胺溶液（W/V）配制：称取 0.2 g α-萘胺加 25 mL 的冰醋酸，用蒸馏水稀释至 100 mL，贮存于棕色瓶中。

5. 0.2 mol/L KNO_3 溶液配制：称取 10.11 g KNO_3 用蒸馏水定容至 500 mL。

6. 30%的三氯乙酸：30 g 三氯乙酸，蒸馏水溶解，准确定容至 100 mL。

【实验步骤】

1. 绘制 NO_2^--N 标准曲线。

取 7 支试管，编号，按表 7-1 顺序加入试剂，每加完一种试剂均需摇匀，待所有试剂加完后，将各试管置于 35 ℃恒温箱中保温 30 min，以 0 号管作为参比液调零，立即于 520 nm 波长进行比色，以 NO_2^- 含量为横坐标、吸光值为纵坐标绘制 NO_2^--N 标准曲线。

表 7-1 NO_2^--N 标准曲线所加试剂

试剂	试管编号						
	0	1	2	3	4	5	6
5 μg/mL NO_2^- 标准母液/mL	0	0.2	0.4	0.8	1.2	1.6	2.0
蒸馏水/mL	2.0	1.8	1.6	1.2	0.8	0.4	0
1%对氨基苯磺酸/mL	4.0	4.0	4.0	4.0	4.0	4.0	4.0
0.2% α-萘胺/mL	4.0	4.0	4.0	4.0	4.0	4.0	4.0
每管含 NO_2^-/μg	0	1.0	2.0	4.0	6.0	8.0	10.0

2. 取样及酶促反应。

随机取样 5~10 株，选取待测叶片，剪下，自来水冲洗，用吸水纸擦干表面水分，用剪刀剪成长约 0.5 cm 的切段（或用打孔器打取小圆叶片，避开大叶脉）。在蒸馏水中冲洗 2~3 次，吸干表面水分，迅速称取叶圆片 0.5 g，置于大试管，加 4.5 mL pH 值 7.5 的磷酸缓冲液和 4.5 mL 0.2 mol/L 的 KNO_3 溶液。然后将试管置于真空干燥器中，接上真空泵，抽气 30 min，放气后，叶片沉入溶液中，摇匀盖塞后将试管置于 30 ℃ 恒温培养箱，黑暗中进行 30 min 酶促反应，准确计时。

3. NO_2^- 含量测定。

反应 30 min 后，迅速在试管中加入 1 mL 30% 的三氯乙酸，充分摇动 3 min，终止酶促反应。再吸取酶促反应液 2 mL 于另一试管中，加入 1% 对氨基苯磺酸 4 mL 和 0.2% α-萘胺 4 mL，摇匀后置于 35 ℃ 恒温培养箱中保温显色反应 30 min。以 2 mL 蒸馏水加 4 mL 1% 对氨基苯磺酸和 4 mL 0.2% α-萘胺的试管一起保温用作参比液调零，在 520 nm 波长比色，记录吸光度 A 值，从标准曲线上查出 NO_2^- 量 $C_{NO_2^-}$，代入公式计算酶的活性，以每小时每克鲜叶生成的 NO_2^- 微克数表示（表 7-2）。

【数据记录】

表 7-2　实验结果记录

样品质量 m	A_{520}	从标准曲线上查得的 NO_2^- 量 x	酶促反应液体积 V_T	显色反应时加入酶液体积 V_S	反应时间 t

【结果计算】

$$样品硝酸还原酶活力 [μg/(g·h)] = \frac{x \cdot V_T}{m \cdot V_S \cdot t}$$

式中：x 为从标准曲线上查得亚硝态氮的量（μg）；V_T 为样品定容体积（mL）；V_S 为测定时取用的样品提取液体积（mL）；m 为样品质量（g）；t 为反应时间（h）。

二、离体法

【仪器与用具】

电子天平、冷冻离心机、离心管、分光光度计、冰箱、恒温培养箱、研钵、剪刀、具塞试管、移液管、洗耳球。

【试剂】

1. 5 μg/mL NO_2^- 标准母液配制：配制方法见活体法。

2. 0.1 mol/L pH 值 7.5 的磷酸缓冲液：配制方法见活体法。

3. 0.025 mol/L pH 值 8.7 的磷酸缓冲液配制：称取 $Na_2HPO_4 \cdot 12H_2O$ 8.864 g、$K_2HPO_4 \cdot 3H_2O$ 0.057 g，用蒸馏水溶解，准确定容至 1 000 mL。

4. 提取液的配制：称取半胱氨酸 0.121 1 g，EDTA 0.037 2 g 溶于 100 mL 0.025 mol/L pH 值 8.7 的磷酸缓冲液中。

5. 2 mg/mL NADH（辅酶 I）溶液配制：NADH 4 mg 溶于 2 mL 0.1 mol/L pH 值 7.5 的磷酸缓冲液中（临用前配制）。

6. 0.1 mol/L KNO_3 溶液配制：称取 KNO_3 10.11 g，用蒸馏水溶解，准确定容至 1 000 mL。

7. 1%对氨基苯磺酸（W/V）溶液配制：配制方法见活体法。

8. 0.2% α-萘胺溶液（W/V）配制：配制方法见活体法。

【实验步骤】

1. NO_2^--N 标准曲线制作：同活体法（反应液体积略有不同）。

取 7 支试管，编号，按表 7-3 顺序加入试剂，每加完一种试剂均需摇匀，待所有试剂加完后，将各试管置于 35 ℃恒温箱中保温 30 min，以 0 号管作为参比液调零，立即于 520 nm 波长进行比色，以 NO_2^- 含量为横坐标、光密度值为纵坐标绘制 NO_2^--N 标准曲线。

表 7-3　NO_2^--N 标准曲线所加试剂

试剂	试管编号						
	0	1	2	3	4	5	6
5 μg/mL NO_2^- 标准母液/mL	0	0.2	0.4	0.8	1.2	1.6	2.0
蒸馏水/mL	2.0	1.8	1.6	1.2	0.8	0.4	0
1%对氨基苯磺酸/mL	1.0	1.0	1.0	1.0	1.0	1.0	1.0
0.2% α-萘胺/mL	1.0	1.0	1.0	1.0	1.0	1.0	1.0
每管含 NO_2^-/μg	0	1.0	2.0	4.0	6.0	8.0	10.0

2. 样品中硝酸还原酶活性的测定。

（1）酶的提取。称取 0.5 g 鲜样，剪碎于研钵中置于低温冰箱冰冻 30 min，取出置冰浴中加少量石英砂及 4 mL 提取缓冲液，研磨匀浆，转移于离心管中，在 4 ℃、4 000 r/min 下离心 15 min，上清液即酶提取液。

（2）酶促反应。取酶液 0.4 mL 于 10 mL 试管中，加 1.2 mL 0.1mol/L KNO_3 磷酸缓冲液和 0.4 mL NADH 溶液，混匀，在 30 ℃水浴中保温 30 min，对照不加 NADH 溶液，而以 0.4 mL 0.1mol/L pH 值 7.5 的磷酸缓冲液代替。

（3）酶活性测定：保温结束后立即加入 1 mL 1%对氨基苯磺酸（或磺胺）溶液终止酶反应，再加 1 mL 0.2% α-萘胺（或萘基乙烯胺）溶液，显色 15 min 后于 4 000 r/min 下离心 15 min，以空白管为对照，取上清液在 520 nm 处

测定吸光度 A_{520}（表 7-4）。

【数据记录】

表 7-4　实验结果记录

样品质量 m	A_{520}	从标准曲线上查得的 NO_2^- 量 x	提取酶时加入缓冲液 V_T	显色反应时加入酶液体积 V_S	反应时间 t

【结果计算】

计算公式同活体法。

【注意事项】

1. 亚硝酸的磺胺比色法比较灵敏，显色速度受温度和酸度等因素的影响。因此，标准液与样品液应在相同条件下进行测定。

2. 取样前材料应照光 3 h 以上，以积累光合产物，否则酶活性偏低。水稻中缺乏硝酸还原酶，可在取样前 1 d 用 50 mmol/L KNO_3 或 $NaNO_3$ 加在培养液中，以诱导硝酸还原酶的生成。

3. 反应中的产物 NO_2^- 可被植物组织中另一个酶——亚硝酸还原酶（NiR）进一步还原为氨（NH_3）。因此，要测定硝酸还原酶的活性，必须阻抑亚硝酸还原酶的活性，办法是将整个反应体系置于黑暗中，这样叶绿体就不会产生亚硝酸还原酶的必要辅酶——铁氧还蛋白，使亚硝酸还原酶的活性受抑制。

4. 加异丙醇可增加组织对 NO_3^- 和 NO_2^- 的通透性（或用抽真空的方法破坏膜透性也可达到此实验目的）。

5. 制备标准曲线及比色液时，一定要先加磺胺（或对氨基苯磺酸）试剂，后加 α-萘胺试剂，否则有可能生成其他反应产物，不呈粉红色。

6. 对照管中不能混入硝酸试剂，否则空白易出现负值。

7. 从显色到比色的时间要一致，过短、过长对颜色都有影响。

【思考题】

1. 画出实验流程图。

2. NR 活性测定取材前为什么要进行一段时间光合作用？测定酶促反应时为什么要在黑暗处保温？

3. NR 活性测定时加入对氨基苯磺酸、α-萘胺和 KNO_3 的作用各是什么？

4. 比较活体法与离体法的特点。

实验 8　植物体内硝态氮含量的测定

【实验目的】

1. 掌握硝态氮含量测定的原理和方法。

2. 了解其测定的生理学意义。

【实验原理】

植物体内硝态氮含量可以反映土壤氮素供应情况，因此常作为施肥指标。另外，蔬菜类作物特别是叶菜类和根菜中常含有大量硝酸盐，在烹调和腌制过程中可转化为亚硝酸盐而危害人体健康，因此，硝酸盐含量又成为鉴定蔬菜及其加工品品质的重要指标。

在浓酸条件下，NO_3^- 与水杨酸反应，生成硝基水杨酸。其反应式如下。

生成的硝基水杨酸在碱性条件下（pH 值>12）呈黄色，最大吸收峰的波长为 410 nm，在一定范围内，其颜色的深浅与含量成正比，可直接比色测定。

【材料】

新鲜的小麦、棉花或蔬菜叶片。

【仪器与用具】

分光光度计、电子天平、具塞试管、移液管、容量瓶、剪刀、研钵、漏斗、小烧杯、玻璃棒、洗耳球、电磁炉、不锈钢锅、定量滤纸。

【试剂】

1. 500 μg/mL NO_3^--N 硝态氮标准溶液：精确称取烘至恒重的 KNO_3（含氮 13.86%）0.722 1 g 溶于去离子水中，定容至 200 mL。

2. 5%水杨酸-硫酸溶液：称取 5 g 水杨酸溶于 100 mL 98%的浓硫酸中，搅拌溶解后，贮于棕色瓶中，置冰箱保存 1 周有效。

3. 8% NaOH 溶液：称取 80 g NaOH，溶于 1 000 mL 蒸馏水中。

【实验步骤】

1. 标准曲线的制作。

（1）吸取 500 μg/mL 硝态氮标准溶液 1 mL、2 mL、3 mL、4 mL、6 mL、8 mL、10 mL、12 mL 分别放入 50 mL 容量瓶中，用去离子水定容至刻度，使之成 10 μg/mL、20 μg/mL、30 μg/mL、40 μg/mL、60 μg/mL、80 μg/mL、

100 µg/mL、120 µg/mL 的系列标准溶液。

（2）吸取上述系列标准溶液 0.1 mL，分别放入刻度试管中，以 0.1 mL 蒸馏水代替标准溶液作空白。再分别加入 0.4 mL 5%水杨酸-硫酸溶液，摇匀，在室温下放置 20 min 后，再加入 8% NaOH 溶液 9.5 mL，摇匀冷却至室温。显色液总体积为 10 mL。

（3）绘制标准曲线：以空白作参比，在 410 nm 波长下测定吸光度。以每管中硝态氮的量（µg）为横坐标，吸光度为纵坐标，绘制标准曲线。

2. 样品中硝酸盐的测定。

（1）样品液的制备：取一定量的植物材料剪碎混匀，用天平精确称取材料 2 g 左右，放入试管中，加入 10 mL 去离子水，封口，置入沸水浴中提取 30 min。到时间后取出，用自来水冷却，将提取液过滤到 25 mL 容量瓶中，用去离子水反复冲洗残渣，最后定容至刻度。

（2）样品液的测定：吸取样品液 0.1 mL 至试管中，然后加入 5%水杨酸-硫酸溶液 0.4 mL，混匀后置室温下 20 min，再慢慢加入 9.5 mL 8% NaOH 溶液。待冷却至室温后，以空白作参比，在 410 nm 波长下测其吸光度 A_{410}（表 8-1）。

【数据记录】

表 8-1 实验结果记录

样品质量 m	A_{410}	从标准曲线上查得的 NO_3^- 量 x	样品定容体积 V_T	测定取用的样品提取液体积 V_S

【结果计算】

$$样品的硝态氮含量（µg/g）= \frac{x \cdot V_T}{m \cdot V_S}$$

式中：x 为从标准曲线上查得硝态氮的量（µg）；V_T 为样品定容体积（mL）；V_S 为测定时取用的样品提取液体积（mL）；m 为样品质量（g）。

【注意事项】

水杨酸和硝态氮的反应时间不能少于 20 min。

【思考题】

1. 画出实验流程图。

2. 测定硝态氮含量有何意义？

第三章 植物的光合作用

实验9 叶绿体的分离制备及活力测定

【实验目的】

掌握叶绿体分离制备及活力测定的原理和方法。

【实验原理】

1. 叶绿体的分离制备原理：根据不同植物材料的特点，分别选用具有合适pH、渗透势、抗酚类干扰的提取介质，采用分级离心方法将叶绿体颗粒与其他细胞内含物分开，然后在一定的离心力下收集。

2. 希尔反应（Hill reaction）是绿色植物的离体叶绿体在光下分解水，放出氧气，同时还原电子受体的反应，即光还原反应。将在低温条件下用等渗溶液制备的完整叶绿体悬浮于适当的反应介质中，在有氧化剂如2,6-二氯酚靛酚存在的条件下，叶绿体在光照下将会分解 H_2O 放出 O_2，同时将染料还原，其反应速率代表叶绿体的活力。染料被还原后，颜色从蓝色变为无色，因此反应速率可根据溶液吸光度（A）的变化进行测定，该变化在 $4\sim5$ min 内呈线性关系。其还原反应如下。

$$A + H_2O \xrightarrow[\text{叶绿体}]{\text{光}} AH_2 + \frac{1}{2}O_2$$

A表示希尔氧化剂，如2,6-二氯酚靛酚

氧化型2,6-二氯酚靛酚（蓝色）　　　　还原型2,6-二氯酚靛酚（无色）

【材料】

新鲜菠菜或其他植物幼苗叶片。

【仪器与用具】

离心机、研钵、天平、纱布、试管、台灯、100 W 灯泡、分光光度计。

【试剂】

1. 提取介质：含 0.4 mol/L 蔗糖、10 mmol/L NaCl、50 mmol/L Tris-HCl，pH 值 7.5。

2. 染料：1 mmol/L 2,6-二氯酚靛酚（用提取介质配制）。

【实验步骤】

1. 离体叶绿体的提取。

取新鲜叶片，剪去粗大的叶脉并剪成碎块，称取 10 g 放入预冷的研钵中。加 10 mL 预冷的提取介质（可分 2 次加入）和少许石英砂，冰浴中迅速研磨成匀浆。再加 10 mL 提取介质，用 4 层纱布将匀浆过滤于离心管中，4 ℃下700 r/min 离心 3 min，离心后弃沉淀，将上清液于 4 ℃下 1 500 r/min 离心8 min，弃上清液，所得沉淀即为离体叶绿体。用提取介质将叶绿体悬浮，适当稀释后使溶液在 620 nm 处吸光度（A）达 1.00 左右，置于冰浴中备用。

2. 叶绿体光还原反应的测定。

取干净刻度试管 3 支，分别编号 1、2、3，然后按表 9-1 加入试剂。2 号管加入叶绿体悬浮液后于沸水浴中煮 15 min，然后用提取介质补足丧失的水分。3 号管为比色时调零用的空白对照。各试管在加染料之前保存在冰浴中。

表 9-1　光还原反应的试剂加入量及煮沸时间

试管号	提取介质/mL	叶绿体悬浮液/mL	煮沸时间/min	染料/mL
1	4.5	0.5	-	5
2	4.5	0.5	15	5
3	9.5	0.5	-	-

3. 测定。

向各管加入 2,6-二氯酚靛酚后，立即摇匀，倒入比色杯中，迅速测定620 nm 处的吸光度，以此代表反应时间为 0 min 时的吸光度。然后将比色杯置于100 W 灯光下 60 cm 处照光，每隔 1 min 快速读下吸光度的变化，连续进行 5~6次读数，要保证每次的照光时间一致。结果记录在表 9-2 中。

【数据记录】

表 9-2　实验结果记录

记录时间	0 min	1 min	2 min	3 min	4 min	5 min
A_{620}						

【结果计算】

将结果以每分钟吸光度的变化量为纵坐标，以时间（min）为横坐标作图。

【注意事项】

每次照光后读数应快速，控制在 15 s 内完成。

【思考题】

1. 画出实验流程图。

2. 描述曲线的变化规律，并根据光还原反应的机理给出合理的解释。

3. 如果用叶绿体碎片作为材料测定光还原反应，结果会如何？为什么？

4. 为什么在低温条件下用等渗溶液分离制备离体叶绿体？

实验 10　叶绿体色素的提取、分离及理化性质

【实验目的】

1. 掌握叶绿体色素提取（分离）的原理和方法。

2. 验证叶绿体色素理化性质。

【实验原理】

1. 色素提取。植物叶绿体色素是吸收太阳光能进行光合作用的重要物质，一般由叶绿素 a、叶绿素 b、胡萝卜素和叶黄素组成。从叶片中提取和分离色素是测定叶绿体色素的前提。利用叶绿体色素不易溶于水而溶于有机溶剂的特性，可用丙酮、乙醇等有机溶剂提取。

2. 色素分离。分离叶绿体色素的方法有多种，纸层析法是最简便的一种。当溶剂不断地从滴加了色素的滤纸上流过时，由于色素混合物中各组分在两相（流动相和固定相）间具有不同的分配系数，因此它们的移动速度不同，所以可将色素提取液中各色素分离。

3. 荧光现象。叶绿素分子吸收光量子，由基态上升到激发态，激发态不稳定，有回到基态的趋向，当由第一单线态回到基态时发射出的光称为荧光。

4. 取代反应。叶绿素中的 Mg^{2+} 可以被 H^+ 所取代而形成褐色的去镁叶绿素。去镁叶绿素遇 Cu^{2+} 则变成为铜代叶绿素，铜代叶绿素很稳定，在光下不易被破坏，故常用此法制作绿色多汁植物的浸渍标本。

5. 皂化反应。叶绿素是一种二羧酸——叶绿酸与甲醇和叶绿醇形成的复杂酯，故可与强碱如 KOH 发生皂化反应，从而形成醇（甲醇和叶绿醇）和叶绿酸钾盐，产生的盐能溶解于水中，所以可用此反应将不发生皂化反应的类胡萝卜素用有机溶剂萃取分离出来。

【材料】

新鲜植物叶片。

【仪器与用具】

天平、研钵、容量瓶、试管、培养皿、滤纸、漏斗、胶头吸管、洗耳球、移液管、剪刀、玻璃棒、试管夹、酒精灯、火柴。

【试剂】

80% 丙酮（95% 乙醇）、石油醚、$CaCO_3$、石英砂、KOH、醋酸铜粉末、浓盐酸。

【实验步骤】

1. 色素提取。

称取新鲜植物叶片 1.0 g 左右，剪碎，放入研钵中，加 2~3 滴管 80% 丙酮及少许 $CaCO_3$ 和石英砂，迅速研磨成匀浆，再加适量 80% 丙酮浸提 5 min，过滤至

25 mL 容量瓶中，少量多次清洗研具及滤纸上的色素，准确定容至刻度，即为叶绿体色素提取液。

2. 层析分离。

色素分离的结果（纸层析法）由外到内或由上到下依次显示的是橙黄色的胡萝卜素、鲜黄色的叶黄素和蓝绿色的叶绿素 a，最后是黄绿色的叶绿素 b（如化学实验课开过此实验，不再重复做，可图示层析结果）。

3. 荧光现象观察。

取上述色素提取液于试管中，在透射光和反射光下观察提取液的颜色，分别是绿色（色素不吸收绿光）和暗红色。

4. 取代反应。

取色素提取液 3~5 mL 于试管中，加 1~2 滴浓盐酸摇匀，观察色素提取液颜色（绿色→褐色）变化。然后在试管中再加入适量醋酸铜粉末，用酒精灯逐渐加热溶液，观察颜色变化（褐色→亮绿色）。

5. 皂化反应。

也可用于分离类胡萝卜素（不发生皂化反应）。取色素提取液 5 mL，加入 KOH 片剂 8~10 片，用玻璃棒搅拌使之溶解，然后缓慢加入石油醚 1~2 mL，静置（勿摇），观察分层现象（上面黄色层是溶于石油醚中的胡萝卜素和叶黄素，下面绿色层是发生了皂化反应、溶于水的叶绿素 a、叶绿素 b 的钾盐及甲醇、叶绿醇的混合溶液），结果记录于表 10-1。

【现象记录】

表 10-1　实验结果记录

层析结果	荧光现象	取代反应颜色变化	皂化反应分层情况

【现象解释】

解释表 10-1 中现象产生的原因或机理。

【注意事项】

1. 色素的提取研磨一定要充分迅速，避免色素分解。

2. 若提取液同时用于定量测定，则过滤时要用 80% 丙酮少量多次地冲洗研具及滤纸上的色素，直至滤纸发白、残渣发红，以免定量测定时的误差过大。

3. 验证理化性质时加入 KOH 片剂或醋酸铜粉末时要适量；酒精灯加热时试管口不能对着人，要避免溶液沸腾着火。

4. 低温下发生皂化反应的叶绿体色素溶液，易乳化而出现白色絮状物，溶液浑浊，且不分层时可剧烈摇荡，或放在 30~40 ℃水浴中加热，溶液很快分层，絮状物消失，溶液变得清澈透明。

【思考题】

1. 画出实验流程图。

2. 用不含水的有机溶剂如无水乙醇、无水丙酮等提取植物材料，特别是烘干材料时其叶绿体色素提取效果往往不佳，试分析原因。

3. 研磨法提取叶绿素时加入 $CaCO_3$ 和石英砂各有什么作用？

实验 11　叶绿体色素含量的测定

【实验目的】

1. 掌握叶绿体色素含量测定的原理和方法。

2. 了解叶绿体色素含量测定的意义。

【实验原理】

根据叶绿体色素提取液对可见光的吸收，利用分光光度计在某一特定波长下测定其吸光度，即可用公式计算出提取液中各色素的含量。

根据朗伯-比尔定律，某有色溶液的吸光度 A 与其中溶质浓度 C 和液层厚度 L 成正比，即 $A=kCL$ 式中：k 为比例常数。当溶液浓度以百分浓度为单位，液层厚度为 1 cm 时，k 为该物质的比吸收系数。各种有色物质溶液在不同波长下的比吸收系数可通过测定已知浓度的纯物质在不同波长下的吸光度而求得。

如果溶液中有数种吸光物质，则此混合液在某一波长下的总吸光度等于各组分在相应波长下吸光度的总和，这就是吸光度的加和性。测定叶绿体色素混合提取液中叶绿素 a、叶绿素 b 及类胡萝卜素的含量，只需测定该提取液在 3 个特定波长下的吸光度 A，并根据叶绿素 a、叶绿素 b 及类胡萝卜素在该波长下的比吸收系数，即可求出其浓度。在测定叶绿素 a、叶绿素 b 时，为了排除类胡萝卜素的干扰，所用单色光的波长选择叶绿素在红光区的最大吸收峰。

已知叶绿素 a、叶绿素 b 的 80% 丙酮提取液在红光区的最大吸收峰分别为 663 nm 和 645 nm，又知在波长 663 nm 下，叶绿素 a、叶绿素 b 在该溶液中的比吸收系数分别为 82.04 和 9.27，在波长 645 nm 下分别为 16.75 和 45.60，可根据光密度加和性原则列出以下关系式。

$$A_{663}=82.04Ca+9.27Cb \qquad ①$$

$$A_{645}=16.75Ca+45.60Cb \qquad ②$$

式①、②中的 A_{663} 和 A_{645} 为叶绿体色素溶液在波长 663 nm 和 645 nm 时的吸光度，Ca、Cb 分别为叶绿素 a 和叶绿素 b 的浓度，以 mg/L 为单位。解方程组①、②。

$$Ca=12.72A_{663}-2.59A_{645} \qquad ③$$

$$Cb=22.88A_{645}-4.67A_{663} \qquad ④$$

将 Ca 与 Cb 相加即得叶绿素总浓度（C_T）。

另外，由于叶绿素 a、叶绿素 b 在 652 nm 处的吸收峰相交，两者有相同的比吸收系数 34.5，所以在此波长下测定 A_{652} 代入下式即可求出叶绿素 a 和叶绿素 b 的总浓度 C_T。

$$C_T=(A_{652}\times1\ 000)/34.5 \qquad ⑤$$

在有叶绿素存在的条件下，用分光光度法可同时测出溶液中类胡萝卜素的含量。

Lichtenthaler 等对 Arnon 法进行了修正，提出 80% 丙酮提取液中 3 种色素浓度的计算公式。

$$Ca = 12.21A_{663} - 2.81A_{646} \qquad ⑥$$

$$Cb = 20.13A_{646} - 5.03A_{663} \qquad ⑦$$

$$Cx.c = (1\,000A_{470} - 3.27Ca - 104Cb)/229 \qquad ⑧$$

式中：Ca、Cb 分别为叶绿素 a 和叶绿素 b 的浓度；$Cx.c$ 为类胡萝卜素的总浓度；A_{663}、A_{646}、A_{470} 分别为叶绿体色素提取液在波长 663 nm、646 nm、470 nm 下的吸光度。

由于叶绿体色素在不同溶剂中的吸收光谱有差异，因此，在使用其他溶剂提取色素时，计算公式也有所不同。叶绿素 a、叶绿素 b 在 95% 乙醇中最大吸收峰的波长分别为 665 nm 和 649 nm，类胡萝卜素为 470 nm，可据此列出以下关系式。

$$Ca = 13.95A_{665} - 6.88A_{649} \qquad ⑨$$

$$Cb = 24.96A_{649} - 7.32A_{665} \qquad ⑩$$

$$Cx.c = (1\,000A_{470} - 2.05Ca - 114.8Cb)/245 \qquad ⑪$$

【材料】

新鲜的植物叶片。

【仪器与用具】

分光光度计、研钵、剪刀、玻璃棒、容量瓶、小漏斗、定量滤纸、吸水纸、滴管、电子天平。

【试剂】

80% 丙酮（或 95% 乙醇）、石英砂、碳酸钙粉末。

【实验步骤】

1. 叶绿素的提取。

称取新鲜植物叶片 0.2 g 左右（去除大叶脉；也可用干样，量酌减），剪碎放入研钵中，加少量碳酸钙和石英砂及 3~5 mL 80% 丙酮迅速研磨成匀浆，再加约 3 mL 80% 丙酮浸提 5 min 后，用滤纸过滤至 25 mL 容量瓶中，清洗研具一并洗入容量瓶，再不停地用 80% 丙酮冲洗滤纸至无绿色为止，最后摇匀准确定容，即得叶绿素提取液。

2. 测定。

取适当稀释后的叶绿素提取液，以 80% 丙酮为空白对照，在波长 663 nm、646 nm、652 nm、470 nm 下测定吸光度并记录（表 11-1、表 11-2）。

【数据记录】

表 11-1　实验结果记录 I（用 80% 丙酮提取）

样品质量 m	提取液体积 V	A_{663}	A_{652}	A_{646}	A_{470}	稀释倍数 N

表 11-2　实验结果记录 II（用 95％乙醇提取）

样品质量 m	提取液体积 V	A_{665}	A_{652}	A_{649}	A_{470}	稀释倍数 N

【结果计算】

按公式⑥、⑦、⑧或公式⑨、⑩、⑪分别计算叶绿素 a、叶绿素 b 和类胡萝卜素的浓度 Ca、Cb、$Cx.c$（mg/L），公式⑤或⑥、⑦式相加即得叶绿素总浓度 C_T。求得各色素的浓度 C 后，再按下式分别计算叶片中各色素的含量（用 mg/g 鲜重 Fw 或干重 Dw 表示）及比例，并加以分析。

$$叶绿体色素的含量（mg/g）= \frac{C \cdot V \cdot N}{m \cdot 1\,000}$$

式中：C 为色素（叶绿素 a、叶绿素 b、类胡萝卜素分别计算）浓度（mg/L）；V 为提取液体积（mL）；N 为稀释倍数；m 为样品质量（g）；1 000 表示 1 L＝1 000 mL。

【注意事项】

1. 为了避免叶绿素的光分解，操作时应在弱光下进行，研磨时间应尽量短些。

2. 叶绿体色素提取液不能浑浊。可在 710 nm 或 750 nm 波长下测量吸光度，其值应小于当波长为叶绿素 a 吸收峰时吸光度值的 5％，否则应重新过滤。

3. 用分光光度计法测定叶绿素含量，对分光光度计的波长精确度要求较高。如果波长与原吸收峰波长相差 1 nm，则叶绿素 a 的测定误差为 2％，叶绿素 b 为 19％，所以使用前必须对分光光度计的波长进行校正。校正方法除按仪器说明书外，还应以纯的叶绿素 a 和叶绿素 b 来校正。

4. 在使用低档型号分光光度计（如 72 型、125 型、721 型等）测定叶绿素 a、叶绿素 b 含量时，因仪器的狭缝较宽，分光性能差，单色光的纯度低（±5~7 nm），与高中档仪器测定结果相比，叶绿素 a 的测定值偏低，叶绿素 b 值偏高，叶绿素 a/b 比值严重偏小。因此，使用时必须用高档分光光度计对低档的分光光度计进行校正。

【思考题】

1. 画出实验流程图。

2. 叶绿素 a、叶绿素 b 在蓝光区也有吸收峰，能否用这一吸收峰波长进行叶绿素 a、叶绿素 b 的定量分析？为什么？

3. 为什么提取叶绿素时干样一定要用 80％的丙酮，而新鲜材料可用无水丙酮提取？

4. 利用公式⑤计算所得叶绿素总浓度与公式⑥、⑦计算之和为什么不同？

实验 12 植物光合速率的测定

【实验目的】

1. 掌握改良半叶法测定植物光合速率的原理和方法，比较半叶法与改良半叶法的优缺点。

2. 了解影响光合作用的内外因素以及光合速率测定的实践意义。

【实验原理】

光合速率测定是植物生理学的基本研究方法之一，在作物高产生理、新品种选育、生理生态及光合作用基本理论的研究等方面有着广泛的用途。

半叶法是将植物对称叶片的一部分遮光或取下置于暗处，另一部分则留在光下进行光合作用，过一定时间后，在这两部分叶片的对应部位取同等面积，分别烘干称重。因为对称叶片的两对应部位等面积的干重，开始时被视为相等，照光后叶片质量超过暗中的叶重，超过部分即为光合作用产物的产量，并通过一定的计算可得到光合速率。

经典半叶法测定光合速率时必须选择对称性良好、厚薄均匀一致的两组叶片（半叶），一组半叶用于测量干重初值，另一组半叶（遮光）用于测定干重终值，不但手续烦琐，而且误差较大。"改良半叶法"采用烫伤、环割或化学试剂处理等方法来破坏叶柄韧皮部筛管活细胞，防止光合产物从叶输出（几乎不影响木质部中水和无机盐向叶片的输送），所以提高了光合速率测定的准确性。

【材料】

田间生长正常的植株，如棉花或梨树等。

【仪器与用具】

剪刀、天平、铝盒、烘箱、刀片、打孔器、纱布、带盖白瓷盘、回形针、标签纸、毛笔、游标卡尺。

【试剂】

5%~10%三氯乙酸。

【实验步骤】

1. 选择待测叶片。

在田间选定有代表性的叶片 10 片，用小纸牌编号，1~5 号叶片用作半叶法实验，6~10 号叶片用作改良半叶法实验（如果时间多可增加重复次数）。选择时应注意叶片的叶龄、叶位、大小、厚度、受光情况、叶片发育应尽量一致。实验可在晴天 10:00 左右开始。

2. 叶片基部处理。

对选取的 6~10 号叶片按顺序进行药剂处理。用毛笔蘸取三氯乙酸（蛋白质沉淀剂）在距叶基部 1 cm 处的地方环涂叶柄 1 周，待药液渗入后再环涂第二遍，重复 3 次,以确保完全破坏韧皮部筛管分子,阻止光合产物的外运。三氯乙酸的浓度,视叶柄幼嫩程度而异,以能明显灼伤叶柄而不影响水分供应、不改变叶片角度为宜。一般使用 5%~10% 三氯乙酸。单子叶植物小麦、水稻等,可用 90 ℃以上开水浸过的棉花夹烫叶片下部一大段叶鞘 20 s,并用锡纸或塑料管包围烫伤部位,使叶片保持原来着生的角度。

3. 剪叶、计时。

叶片基部涂药完毕后即可剪取叶片。按编号顺序分别剪下叶片的一半(主脉保留在植株上,记录剪第一片叶子的时间),依次分别包裹在两块湿纱布中,贮于带盖白瓷盘中避光保存。经过 4~5 h 光合作用后,按早上剪叶顺序再依次剪下照光的另外半片叶,按编号顺序分别包在另两块湿纱布中。两次剪叶顺序及速度尽可能保持一致,使各叶片经历相同的光照时间。

4. 称重比较。

在对照(不涂药)和处理(涂药)各 5 片叶子编号相同的两个半叶的对称部位,用打孔器分别打取面积相同的叶圆片各 10 个,分别置于标有光、暗处理(涂药的)和光、暗对照(不涂药的)4 个铝盒中,先在 105 ℃下杀青 15 min,然后在 70~80 ℃下烘至恒重(约 5 h),冷却后在天平上称重。根据等面积的光、暗叶片的干重差、叶面积 [用游标卡尺量打孔器的直径 D,计算叶面积 $S = 50 \times \pi (D/2)^2$]、光照时间 t(两次剪叶间隔时间),分别计算半叶法及改良半叶法的光合速率(表 12-1)。

【数据记录】

表 12-1 实验结果记录

方法	阳光下叶片质量 m_1	黑暗中叶片质量 m_2	光合时间 t	叶圆盘直径	叶圆片数量	叶圆片总面积 A
半叶法						
改良半叶法						

【结果计算】

$$光合速率 \left[mgDW/(dm^2 \cdot h) \right] = \frac{m_2 - m_1}{A \times t}$$

式中:m_1 为从阳光下叶片所取叶圆片烘干后的质量(g);m_2 为从黑暗中叶片所取叶圆片烘干后的质量(g);A 为叶圆片的总面积(dm²);t 为光合时间(h)。

【注意事项】

1. 选择外观对称的健康植物叶片,并保证待测叶片光照充足,防止遮阴导致误差。

2. 应有若干张相似叶片为一组进行重复实验（至少 5 片）。

3. 涂抹三氯乙酸的量或开水烫叶柄的程度及时间要适度，过轻达不到阻止同化物外运的目的，过重则会导致叶片萎蔫降低光合速率，这一步骤是该方法能否成功的关键之一。

4. 对于小麦、水稻等禾本科植物，烫伤部位以选在叶鞘上部靠近叶枕 5 mm 处为好，既可避免光合产物向叶鞘中运输，又可避免叶枕处烫伤而使叶片下垂。

5. 如棉花等双子叶植物光合产物白天输出很少或基本不输出，不用处理叶片基部也可较准确地测定其光合速率。

6. 上述方法测定的是净光合速率。本方法也可用于测定叶片的呼吸速率，即将对称叶片相对应部分切割的等面积叶块分开，将一块立即烘干称重，另一块在暗中保存数小时后再烘干称重，两者干重差即为叶块呼吸消耗的干物质。如果需要测定总光合速率，只需将前半叶取回后，立即切块，烘干即可，其他步骤和计算方法同上。

7. 由于叶内贮存的光合产物一般为蔗糖和淀粉等，可将干物质质量乘系数 1.5，得 CO_2 同化量。

【思考题】

1. 画出实验流程图。

2. 比较半叶法和改良半叶法测定的叶片光合速率有什么不同，分析原因。

3. 与其他测定光合速率方法相比，本方法有何优缺点？

4. 此法是否可以测定呼吸速率、净光合速率、总光合速率？应如何操作？

第四章 有机物质运输与分配

实验 13 植物组织中可溶性糖含量的测定

【实验目的】

掌握植物组织中可溶性糖含量的测定原理和方法。

一、苯酚法测定可溶性糖

【实验原理】

植物体内的可溶性糖主要是指能溶于水及乙醇的单糖和寡聚糖。苯酚法测定可溶性糖的原理是：糖在浓硫酸作用下，脱水生成的糠醛或羟甲基糠醛能与苯酚缩合成一种橙红色化合物，在 10~100 mg 范围内其颜色深浅与糖的含量成正比，且在 485 nm 波长下有最大吸收峰，故可用比色法在此波长下测定。苯酚法可用于测定甲基化的糖、戊糖和多聚糖，方法简单，灵敏度高，实验时基本不受蛋白质存在的影响，并且产生的橙红色化合物颜色非常稳定。

【材料】

新鲜的植物叶片。

【仪器与用具】

分光光度计、电子天平、水浴锅、20 mL 刻度试管、25 mL 容量瓶、刻度吸管（5 mL、1 mL）、漏斗、滤纸、吸水纸。

【试剂】

1. 9 g/mL 苯酚溶液：称取 90 g 苯酚（分析纯），加蒸馏水溶解并定容至 10 mL，在室温下可保存数月。

2. 0.9 g/mL 苯酚溶液：取 3 mL 9 g/mL 苯酚溶液，加蒸馏水至 30 mL，现配现用。

3. 98% 浓硫酸。

4. 10 mg/mL 蔗糖标准液：将蔗糖（分析纯）在 80 ℃ 下烘至恒重，精确称取 1.000 g，加少量蒸馏水溶解，移入 100 mL 容量瓶中，加入 0.5 mL 浓硫酸，用蒸馏水定容至刻度。

5. 100 μg/mL 蔗糖标准液：精确吸取 10 mg/mL 蔗糖标准液 1 mL 加入 100 mL 容量瓶中，加蒸馏水定容至刻度。

【实验步骤】

1. 标准曲线的制作。

取 20 mL 刻度试管 7 支，编号，按表 13-1 加入溶液和水，然后按顺序向试管内加入 1 mL 0.9 g/mL 苯酚溶液，摇匀，再从管液正面以 5~20 s 加入 5 mL 浓硫酸，摇匀。比色液总体积为 8 mL，在室温下放置 30 min，显色。然后以空白为参比，在 485 nm 波长下测定各管的吸光度，以吸光度为纵坐标，蔗糖的量（μg）为横坐标，制作标准曲线。

表 13-1 苯酚法测可溶性糖含量制作标准曲线的试剂用量

试剂	管号						
	0	1	2	3	4	5	6
100 μg/mL 蔗糖标准液/mL	0	0.2	0.4	0.6	0.8	1.0	1.2
蒸馏水/mL	2.0	1.8	1.6	1.4	1.2	1.0	0.8
蔗糖/μg	0	20	40	60	80	100	120

2. 可溶性糖的提取。

取新鲜植物叶片，擦净表面污物，剪碎混匀，称取 0.1~0.3 g 放入刻度试管中，加入 5~10 mL 蒸馏水，塑料薄膜封口，于沸水中提取 30 min，提取液过滤入 25 mL 容量瓶中，再重复上述操作提取 1 次。反复冲洗试管及残渣，蒸馏水定容至刻度。

3. 测定。

吸取 0.5 mL 样品液于试管中，加蒸馏水 1.5 mL，同制作标准曲线的步骤，按顺序分别加入苯酚溶液、浓硫酸，显色并测定吸光度。由标准曲线求出糖的量，计算被测样品中糖含量（表 13-2）。

【数据记录】

表 13-2 苯酚法测可溶性糖含量实验结果记录

提取液总体积 V_T	吸取样品液体积 V_1	样品质量 W	A_{485}	由标准曲线求得的糖量 C

【结果计算】

$$可溶性糖含量（\%）= \frac{C \times V_T \times N}{W \times V_1 \times 10^6} \times 100$$

式中：C 为由标准曲线求得的糖含量（μg）；V_T 为提取液体积（mL）；V_1 为吸取样品液体积（mL）；N 为稀释倍数；W 为样品质量（g）；10^6 为 1 g = 10^6 μg；

100 为转换为百分数。

二、蒽酮法测定可溶性糖

【实验原理】

糖在浓硫酸作用下，可经脱水反应生成糠醛或羟甲基糠醛，生成的糠醛或羟甲基糠醛可与蒽酮反应生成蓝绿色的糠醛衍生物，在一定范围内，此生成物的颜色深浅与糖的含量成正比，且反应生成的有色物质在可见光区的吸收峰为 620 nm，故可在此波长下进行糖的比色测定。该法不但可以测定戊糖与己糖含量，而且可以测定所有寡糖类和多糖类，其中包括淀粉、纤维素等（因为反应液中的浓硫酸可以把多糖水解成单糖而发生反应），所以用蒽酮法测出的糖类含量，实际上是溶液中全部可溶性糖类总量。

【材料】

植物鲜样或干样。

【仪器与用具】

分光光度计、电子天平、10 mL 刻度离心管、离心机、水浴锅、10 mL 刻度试管、移液管、剪刀、漏斗、滤纸等。

【试剂】

1. 80%乙醇。

2. 活性炭。

3. 葡萄糖标准溶液（100 μg/mL）：准确称取 100 mg 分析纯无水葡萄糖，溶于蒸馏水并定容至 100 mL，取 10 mL 原液，用蒸馏水定容至 100 mL。

4. 蒽酮试剂：称取 0.1 g 蒽酮，溶于 100 mL 硫酸溶液（76 mL 98%浓硫酸缓缓加入到蒸馏水中，稀释至 100 mL，冷却），贮于棕色瓶中，现用现配。

【实验步骤】

1. 标准曲线的制作。

取 6 支大试管，按 0~5 分别编号，按表 13-3 加入各试剂。

表 13-3 蒽酮法测可溶性糖含量制作标准曲线的试剂用量

试剂	管号					
	0	1	2	3	4	5
100 μg/mL 蔗糖标准液/mL	0	0.2	0.4	0.6	0.8	1.0
蒸馏水/mL	1.0	0.8	0.6	0.4	0.2	0
蒽酮试剂/mL	5.0	5.0	5.0	5.0	5.0	5.0
葡萄糖量/μg	0	20	40	60	80	100

将各管快速摇动混匀后，立即在沸水浴中煮 10 min，取出冷却，在 620 nm

波长下，用空白作参比测定吸光度，以吸光度为纵坐标，葡萄糖的量（μg）为横坐标绘制标准曲线。

2. 样品中可溶性糖的提取。

称取剪碎混匀的新鲜样品 0.1~0.3 g（或干样粉末 5~100 mg），放入 10 mL 刻度离心管中，加入 4 mL 80%乙醇，置于 80 ℃水浴中 30 min，期间不断振荡，3 000 r/min 离心 10 min，收集上清液置于 10 mL 刻度试管中，其残渣加 2 mL 80%乙醇重复提取 2 次，合并上清液。如果是绿色组织，在上清液中加入少许活性炭，70 ℃脱色 30 min，过滤，用蒸馏水定容至 50 mL，待测。

3. 样品测定。

取上述待测滤液 1 mL，加蒽酮试剂 5 mL，混匀后同以上标准曲线制作的操作，显色，测定吸光度。根据标准曲线求出糖的含量（表 13-4）。

【数据记录】

表 13-4　蒽酮法测可溶性糖含量实验结果记录

提取液总体积 V_T	吸取样品液体积 V_1	样品质量 W	A_{620}	由标准曲线求得的糖量 C

【结果计算】

计算公式同方法一。

【注意事项】

1. 要严格控制好各批次间的显色时间。

2. 蒽酮法简便、灵敏度高，可测定微量可溶性糖含量，适合样品少的情况。其缺点是专一性差。

【思考题】

1. 画出实验流程图。

2. 为什么要用 80%乙醇提取可溶性糖？

3. 干扰可溶性糖测定的主要因素有哪些？如何避免？

实验 14　植物组织中淀粉含量的测定

【实验目的】

掌握植物组织中淀粉含量的测定原理和方法。

【实验原理】

淀粉是由葡萄糖残基组成的多糖，在酸性条件下加热可水解成葡萄糖，在浓硫酸的作用下，葡萄糖脱水生成糠醛类化合物，利用上述苯酚或蒽酮试剂与糠醛化合物的显色反应，即可进行比色测定。

【材料】

面粉或其他植物干样品。

【仪器与用具】

植物样品粉碎机、分样筛（100 目）、分光光度计、电子天平、15 mL 刻度离心管、烧杯、50 mL 容量瓶、水浴锅、离心机、移液管、漏斗、小试管等。

【试剂】

1. 98% 硫酸。

2. 9.2 mol/L 和 4.6 mol/L $HClO_4$。

3. 80% 乙醇。

4. 蒽酮试剂：配制同蒽酮法，见实验 13。

【实验步骤】

1. 标准曲线的制作。

同实验 13。

2. 样品提取。

称取 50~100 mg 粉碎过 100 目筛的烘干样品，置于 15 mL 刻度离心管中，加入 6~7 mL 80% 乙醇，在 80 ℃ 水浴中提取 30 min，3 000 r/min 离心 5 min，收集上清液。重复提取两次（各 10 min）并同样离心，收集 3 次上清液合并于烧杯，置于 85 ℃ 恒温水浴锅中，使乙醇蒸发至 2~3 mL，搅拌均匀，放入沸水浴中糊化 15 min。迅速冷却后，加入 2 mL 的 9.2 mol/L $HClO_4$，不时搅拌，提取15 min 后加蒸馏水至 10 mL，混匀，3 000 r/min 离心 10 min，上清液倾入 50 mL容量瓶。再向沉淀中加入 2 mL 4.6 mol/L $HClO_4$ 溶液，搅拌提取 15 min 后加蒸馏水至 10 mL，混匀后 3 000 r/min 离心 10 min，收集上清液于容量瓶中。然后用蒸馏水洗沉淀 1~2 次，3 000 r/min 离心，合并离心液于 50 mL 容量瓶，用蒸馏水定容至刻度。

3. 样品测定。

取待测样品提取液 1.0 mL 于试管中，再加蒽酮试剂 5 mL，快速摇匀，然后在沸水浴中煮 10 min，取出冷却，在 620 nm 下，用空白调零测定吸光度，从标准曲线查出糖含量（μg），记在表 14-1 中。

【数据记录】

表 14-1　实验结果记录

提取液总体积 V_T	吸取样品液体积 V_1	样品质量 W	A_{620}	由标准曲线求得的糖量 C

【结果计算】

$$淀粉含量（\%）= \frac{C \times V_T \times 0.9}{W \times V_1 \times 10^6} \times 100$$

式中：C 为由标准曲线求得的糖含量（μg）；V_T 为提取液体积（mL）；V_1 为吸取样品液体积（mL）；W 为样品质量（g）；0.9 为由葡萄糖换算为淀粉的系数；10^6 为 $1\ g=10^6$ μg；100 为转换为百分数。

【注意事项】

1. 实验中的显色液是强酸溶液，使用中注意安全，不要溅到身上和设备上。

2. 实验过程中淀粉应充分分解为葡萄糖，否则实验结果会偏低。

3. 淀粉溶液加热后，必须迅速冷却，以防止淀粉老化，形成高度晶化的不溶性淀粉分子微束。

4. 要严格控制好各批次间的显色时间。

【思考题】

1. 画出实验流程图。

2. 蒽酮法测定总淀粉含量和可溶性糖含量的原理和方法有何异同点？如何进行正确的测定？

3. 淀粉含量测定过程中，如何保证淀粉水解完全？

4. 除了蒽酮法外，测定植物总淀粉含量的方法还有哪些？其原理是什么？

实验 15　植物组织中可溶性蛋白质含量的测定

【实验目的】

学习考马斯亮蓝 G-250 染色法测定可溶性蛋白质含量的原理和方法。

【实验原理】

考马斯亮蓝 G-250 (Coomassie brilliant blue，G-250) 测定蛋白质含量属于染料结合法的一种。该染料在游离状态下呈红色，在稀酸溶液中与蛋白质结合后变为蓝色，前者最大光吸收在 465 nm，后者在 595 nm，在一定蛋白质浓度范围内 (1~1 000 μg)，蛋白质与色素结合物在 595 nm 波长下的吸光度与蛋白质含量成正比。故可用于蛋白质的定量测定。

考马斯亮蓝 G-250 与蛋白质结合反应十分迅速，2 min 左右即达到平衡。其结合物在室温下 1 h 内保持稳定。此法灵敏度高 (比福林-酚法高 4 倍)，易于操作，干扰物质少，是一种比较好的定量法。其缺点是在蛋白质含量很高时线性偏低，且不同来源蛋白质与色素结合状况有一定差异。

【材料】

新鲜植物材料或经过冷冻保存的材料。

【仪器与用具】

天平、分光光度计、研钵、容量瓶、移液管、离心管、离心机、具塞刻度试管等。

【试剂】

1. 标准蛋白质溶液：称取牛血清蛋白 100 mg，加蒸馏水溶解并定容至 100 mL，即为 1 000 μg/mL 蛋白质原液，吸取该原液 10 mL，用蒸馏水稀释定容至 100 mL，此溶液为 100 μg/mL 的标准蛋白质溶液。

2. 考马斯亮蓝 G-250 溶液：称取 100 mg 考马斯亮蓝 G-250 溶于 50 mL 95% 的乙醇中，加入 85% 磷酸 100 mL，然后用蒸馏水定容至 1 000 mL，贮于棕色瓶中。常温下可保存 1 个月。

【实验步骤】

1. 标准曲线的绘制。

(1) 0~100 μg 标准曲线①的制作。

取 6 支具塞试管，按表 15-1 加入各试剂，盖塞，混合均匀后放置 2 min，在 595 nm 下比色测定吸光度，以蛋白质含量 (μg) 为横坐标，以吸光度为纵坐标，绘制蛋白质浓度为 0~100 μg 的标准曲线。

表 15-1　考马斯亮蓝 G-250 法测定可溶性蛋白质含量制作标准曲线①的试剂用量

试剂	管号					
	0	1	2	3	4	5
100 μg/mL 标准蛋白质溶液/mL	0	0.2	0.4	0.6	0.8	1.0
蒸馏水/mL	1.0	0.8	0.6	0.4	0.2	0
考马斯亮蓝 G-250/mL	5.0	5.0	5.0	5.0	5.0	5.0
蛋白质量/μg	0	20	40	60	80	100

（2）0~1 000 μg 标准曲线②的制作。

取 6 支具塞试管，按表 15-2 加入各试剂，盖塞，混合均匀后放置 2 min，在 595 nm 下比色测定吸光度，以蛋白质含量（μg）为横坐标，以吸光度值为纵坐标，绘制蛋白质浓度为 0~1 000 μg 的标准曲线。

表 15-2　考马斯亮蓝 G-250 法测定可溶性蛋白质含量制作标准曲线②的试剂用量

试剂	管号					
	0	1	2	3	4	5
1 000 μg/mL 标准蛋白质溶液/mL	0	0.2	0.4	0.6	0.8	1.0
蒸馏水/mL	1.0	0.8	0.6	0.4	0.2	0
考马斯亮蓝 G-250/mL	5.0	5.0	5.0	5.0	5.0	5.0
蛋白质量/μg	0	200	400	600	800	1 000

2. 样品蛋白质的提取及测定。

（1）样品的提取。称取 0.2 g 样品，放入研钵中，加少量石英砂和蒸馏水，迅速研磨成匀浆后，转移至 100 mL 容量瓶，清洗研具多次，一并转入，准确定容。摇匀后吸取 10 mL 提取液，4 000 r/min 离心 10 min，即得待测液。

（2）蛋白质含量测定。准确吸取上述蛋白质提取液 0.1 mL 于试管中，加入 0.9 mL 蒸馏水和 5 mL 考马斯亮蓝 G-250 溶液，充分混合，放置 2 min 后，以 0 号管做空白调零，在 595 nm 下比色，记录吸光度，并通过标准曲线查得蛋白质含量（表 15-3）。

【数据记录】

表 15-3　实验结果记录

提取液总体积 V_T	吸取样品液体积 V_1	样品质量 W	稀释倍数 N	A_{595}	由标准曲线求得的蛋白质量 C

【结果计算】

$$可溶性蛋白质含量（mg/g）= \frac{C \times V_T \times N}{W \times V_1 \times 10^3}$$

式中：C 为由标准曲线求得的蛋白质含量（μg）；V_T 为提取液总体积（mL）；V_1 为测定时吸取样品液体积（mL）；N 为稀释倍数；W 为样品质量（g）；10^3 为 1 μg＝1×10^{-3}mg。

【注意事项】

1. 蛋白质浓度过高时需要稀释至合适的浓度，以不出现浑浊为宜。

2. 显色反应与比色时间最好间隔一致，1 h 之内完成比色。

【思考题】

1. 画出实验流程图。

2. 此法测定蛋白质含量有何优缺点？

第五章　植物的呼吸作用

实验 16　植物组织呼吸速率的测定

【实验目的】

1. 掌握小篮子法测定呼吸速率的原理和方法。

2. 了解影响呼吸速率的因素以及如何减少实验误差。

【实验原理】

呼吸速率可用单位质量的植物材料在单位时间内所释放 CO_2 的毫克数来表示。呼吸放出的 CO_2 被 $Ba(OH)_2$ 吸收生成 $BaCO_3$ 沉淀，用草酸滴定剩余的 $Ba(OH)_2$，并与空白滴定相比，根据草酸实际用量之差，即可求出被测植物的呼吸速率。反应如下。

$$Ba(OH)_2 + CO_2 \rightarrow BaCO_3 \downarrow + H_2O$$
$$Ba(OH)_2（剩余）+ H_2C_2O_4 \rightarrow BaC_2O_4 \downarrow + 2H_2O$$

【材料】

发芽的小麦或大豆种子。

【仪器与用具】

广口瓶、小篮子、天平、酸式滴定管、滴定台、移液管、试剂瓶、电（磁）炉、不锈钢锅、镊子、吸水纸。

【试剂】

1. 1/44 mol/L 草酸溶液：准确称取重结晶 $H_2C_2O_4 \cdot 2H_2O$ 2.865 1 g 溶于蒸馏水中，定容至 1 000 mL。

2. 0.05 mol/L 氢氧化钡溶液：$Ba(OH)_2$ 8.6 g 或 $Ba(OH)_2 \cdot 8H_2O$ 15.78 g 溶于蒸馏水中，定容至 1 000 mL。如有浑浊，待溶液澄清后使用。

3. 1% 酚酞指示剂：称取 1 g 酚酞溶于 100 mL 95% 乙醇中，贮于滴瓶中。

【实验步骤】

1. 空白滴定。

取 500 mL 广口瓶 1 个，准确加入 $Ba(OH)_2$ 溶液 20 mL，立即塞紧橡皮塞，充分摇动广口瓶 3~5 min。待瓶内 CO_2 全部被吸收后，打开小玻璃塞，加入酚酞 1 滴，把滴定管插入孔中，用草酸滴定至红色刚好消失，30 s 不变红即为滴定终点，记录草酸用量（mL），即为空白滴定值 V_0。

2. 样品测定。

倒出废液，先用自来水，再用新煮沸（去除水中的 CO_2）的蒸馏水冲洗广口瓶，重新加入 20 mL $Ba(OH)_2$ 溶液迅速盖上橡皮塞。再将准确称取的 5 g 待测发芽种子小心地装入小篮子里，打开橡皮塞迅速挂于橡皮塞下的小钩上，盖好橡皮塞（操作时应设法防止室内空气和口中呼出的气体进入瓶内），准确计时。其间轻轻摇动数次，使溶液表面的 $BaCO_3$ 薄膜破碎，有利于 CO_2 的充分吸收。30 min 后打开橡皮塞，迅速取出小篮子，立即重新塞紧，充分摇动 2 min，使瓶中 CO_2 完全被吸收，拔出玻璃塞，加入 1 滴酚酞，用草酸滴定至红色刚刚消失，30 s 不变红即为滴定终点，记录草酸用量（mL），即为样品滴定值 V_S（表 16-1）。

【数据记录】

表 16-1　实验结果记录

样品质量 m	空白滴定体积 V_0	样品滴定体积 V_S	呼吸时间 t

【结果计算】

$$样品呼吸速率\ [mg\ CO_2/(g \cdot h)] = \frac{(V_0-V_S)\cdot 1}{m \cdot t}$$

式中：V_0 为空白滴定的草酸体积，V_S 为样品滴定的草酸体积；1 为每毫升 1/44 mol/L 的草酸相当于 1 mg CO_2。

【注意事项】

1. 整个实验过程要防止口中呼出的气体进入瓶内。

2. 先做空白滴定，再做样本测定，否则易出现负值。

3. 从广口瓶中取出装有植物材料的小篮子时要动作迅速，避免 $Ba(OH)_2$ 溶液在空气中暴露时间过长。

4. 在摇动装有植物样品的广口瓶时，动作要轻，避免小篮子掉落或者碱液溅到植物材料上。

【思考题】

1. 画出实验流程图。

2. 测定呼吸速率有何意义？哪些因素会影响呼吸速率？

3. 在呼吸速率测定中哪些步骤容易出现误差？应怎样减少？

实验 17　呼吸商的测定

【实验目的】

掌握呼吸商测定的原理和方法。

【实验原理】

呼吸作用放出的 CO_2 和吸收 O_2 的体积或摩尔数之比称为呼吸商（respiratory quotient，简称 RQ），亦称呼吸系数。呼吸商是表示呼吸底物性质和氧气供应状况的指标。在底物完全氧化的情况下，呼吸商的大小因呼吸作用消耗的底物不同而异，若以糖为底物时，呼吸商等于 1，以有机酸为底物则大于 1，以油类为底物则小于 1。

本实验利用特殊的装置——丹尼管（Denny）测定呼吸商。在反应瓶中加碱除去 CO_2 测得材料呼吸所吸收 O_2 的体积，而不加碱测得吸收 O_2 与放出 CO_2 两者体积之差，然后利用 $RQ = V_{CO_2} / V_{O_2}$ 计算求得呼吸商。

【材料】

发芽的小麦、花生或大豆种子。将种子在室温下用水浸泡 12 h，转入铺有纱布并用水湿润的瓷盘中，于 20 ℃培养箱中萌发 48~96 h。

【仪器与用具】

丹尼管、广口瓶、量筒、玻璃活塞开关、橡皮塞、尼龙小篮子、橡皮管。

【试剂】

20%的 NaOH 溶液。

【实验步骤】

按图 17-1 安装仪器。A 为丹尼管，是一底部相连通的内外套管，内外管都有刻度，外管的上端分两支管，一支管上有玻璃活塞开关，另一支管与呼吸瓶 B 相连。B 为一个 500 mL 的广口瓶，其中吊挂有尼龙小篮子，篮中放有待测定的样品，丹尼管放在 100 mL 量筒中。

将全部活塞打开，小心地向量筒内加水，使丹尼管中充水恰至内管口，切不可过量以免水流入丹尼管外管中。待温度恒定后关闭所有活塞，使丹尼管外管与呼吸瓶共同构成与外界不相通的密闭系统。立即记下时间。此时在密闭系统内，如果种子呼吸作用吸收的 O_2 比放出的 CO_2 多，则密闭系统内压力减小，水便由丹尼管内管上口流入外管，流入外管水的体积，即表示密闭系统中体积缩小的数值。经 30 min 后，打开活塞，就可以直接从丹尼管上的刻度得出吸收 O_2 与放出 CO_2 的体积之差，以 V_A 表示。

把呼吸瓶的塞子打开，加入 20% NaOH 溶液 30 mL，按上述方法与未加 NaOH 的操作相同，再测一次。注意两次测定时间的长短和温度高低都要相同。加入 NaOH 的目的是使呼吸放出来的 CO_2 全部被吸收，所以得到的读数就

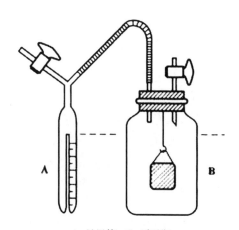

A. 丹尼管；B. 呼吸瓶

图17-1 测定发芽种子呼吸商的仪器

是材料呼吸作用所吸收 O_2 的体积，以 V_B 表示，计算呼吸商（表17-1）。

【数据记录】

表17-1 实验结果记录

吸收 O_2 与放出 CO_2 的体积之差 V_A	吸收 O_2 的体积 V_B

【结果计算】

$$呼吸商（RQ）=（V_B-V_A）/V_B$$

【注意事项】

1. 实验仪器安装好后，在开始实验前，要检查气密性，利用手摸法或吹气法检查整个装置是否漏气，可用石蜡或凡士林封瓶口。

2. 在整个实验过程中，要保持测定仪器周围环境的温度与气压的恒定。

【思考题】

1. 画出实验流程图。

2. 影响呼吸商的因素有哪些？

3. 比较发芽的小麦、花生和大豆呼吸商的大小。

实验18 抗坏血酸氧化物酶和多酚氧化酶活性的测定

【实验目的】

掌握抗坏血酸氧化酶和多酚氧化酶活性测定的原理和方法。

【实验原理】

植物体内的末端氧化酶把从基质传递来的电子和H^+，直接交给分子氧并产生H_2O或H_2O_2。植物体内末端氧化酶主要有抗坏血酸氧化酶、多酚氧化酶、黄素氧化酶、细胞色素氧化酶和乙醇酸氧化酶等。植物体内末端酶的多样性与呼吸作用的多样性有密切的关系。

1. 抗坏血酸氧化酶。

抗坏血酸在抗坏血酸氧化酶的作用下，可以氧化为脱氢抗坏血酸。

抗坏血酸   脱氢抗坏血酸

以抗坏血酸为底物，加入酶的提取液，酶与底物充分反应，此时抗坏血酸氧化酶将抗坏血酸消耗掉一部分，根据消耗的抗坏血酸的量来计算酶的活性。抗坏血酸的消耗量，可用碘液滴定剩余的抗坏血酸来测定。

$$KIO_3+5KI+6HPO_3 \rightarrow 3I_2+6KPO_3+3H_2O$$

2. 多酚氧化酶。

在有氧条件下，多酚氧化酶可将多酚类物质氧化为相应的醌，醌又能进一步氧化抗坏血酸。这种氧化还原关系是由于酚类物质与抗坏血酸之间的氧化还原电位差异决定的。醌类物质比抗坏血酸的氧化还原电位高，因而邻醌能够夺取抗坏血酸上的氢使自身得以还原。

因此，在多酚氧化酶活性测定时，除向反应体系中加入多酚氧化酶的底物（多元酚类）外，还要加入抗坏血酸。多酚氧化酶的活性，可以间接由抗坏血酸的消耗量求得。

抗坏血酸   脱氢抗坏血酸

【材料】

马铃薯块茎、甘薯块根、梨肉、植物叶片等。

【仪器与用具】

研钵、25 mL 量瓶、50 mL 三角瓶、微量滴定管、移液管（1 mL、2 mL、5 mL）、恒温水浴锅、小漏斗。

【试剂】

1. pH 值 6.0 的磷酸盐缓冲液：A 液为 1/15 mol/L Na_2HPO_3 溶液，B 液为 1/15 mol/L KH_2PO_3 溶液，取 A 液 10 mL 与 B 液 90 mL 混匀即可。

2. 0.1%抗坏血酸，现配现用。

3. 0.02 mol/L 焦儿茶酚（邻苯二酚）：称取 0.22 g 焦儿茶酚溶于 100 mL 蒸馏水中，试验当天配制。

4. 10% HPO_3（按纯 HPO_3 计算）。

5. 1%淀粉溶液。

6. 5/6 mmol/L 碘液，KI 2.5 g 溶于 200 mL 的蒸馏水中，加冰乙酸 1 mL，再加 0.1 mol/L KIO_3（0.356 7 g KIO_3 溶于蒸馏水中，定容至 100 mL）12.5 mL，最后加蒸馏水成 250 mL。

【实验步骤】

1. 酶液的提取。

称取新鲜样品（2 g 叶片或马铃薯块茎）剪碎置于预冷过的研钵中，加少量石英砂及预冷的 pH 值 6.0 的磷酸盐缓冲液，在冰浴中迅速研磨成匀浆，用缓冲液全部洗入 25 mL 量瓶中，并用缓冲液定容至刻度。置于 18~20 ℃水浴中浸提 30 min，中间摇动数次。将上清液（酶提取液）转入三角瓶中备用。

2. 酶活性的测定。

取 6 个 50 mL 洁净干燥的三角瓶，编号。按表 18-1 顺序和数量向各瓶中加入磷酸盐缓冲液、0.1%抗坏血酸、0.02 mol/L 焦儿茶酚，并向 3 号及 6 号瓶加入 1 mL 10% HPO₃。将三角瓶置于 18~20 ℃水浴中，使内外温度平衡。然后每隔 2 min 向各瓶中依次加入酶液 2 mL，准确记录加入酶液的时间。将各瓶在 18~20 ℃水浴保温 5~10 min 后，立即按原顺序向 1、2、4、5 号瓶各加入 10% HPO₃ 1 mL 终止酶反应。待反应瓶冷却后，各加淀粉溶液 3 滴作指示剂，用微量滴定管以 5/6 mmol/L 碘液进行滴定至出现浅蓝色为止，记录滴定值（表 18-2）。

表 18-1 抗坏血酸氧化酶和多酚氧化酶活性测定系统的试剂用量

瓶号	试剂/mL						备注
	磷酸盐缓冲液	抗坏血酸	焦儿茶酚	偏磷酸	酶液	偏磷酸（保温一定时间后）	
1	4	2			2	1	测定抗坏血酸氧化酶
2	4	2			2	1	测定抗坏血酸氧化酶
3	4	2		1	2		空白测定
4	3	2	1		2	1	测定抗坏血酸氧化酶及多酚氧化酶
5	3	2	1		2	1	测定抗坏血酸氧化酶及多酚氧化酶
6	3	2	1	1	2		空白测定

【数据记录】

表 18-2 实验结果记录

提取液总体积 V	测定时加入酶量 a	称样量 W	反应时间 t	为滴定 1~6 号瓶所用去的碘液量					
				1 号瓶 V_1	2 号瓶 V_2	3 号瓶 V_3	4 号瓶 V_4	5 号瓶 V_5	6 号瓶 V_6

【结果计算】

$$抗坏血酸氧化酶活性 [mg/(g \cdot min)] = \frac{0.44V [V_1 - (V_1+V_2)/2]}{aWt}$$

$$多酚氧化酶活性 [mg/(g \cdot min)] =$$
$$\frac{0.44V \{[V_6 - (V_4+V_5)/2] - [V_3 - (V_1+V_2)/2]\}}{aWt}$$

式中，0.44 为每毫升 5/6 mmol/L 碘液氧化抗坏血酸的量（mg）；V 为提取液总体积（mL）；V_1~V_6 为 1~6 号瓶滴定所用碘液量（mL）；a 为测定时加入的酶量（mL）；W 为样品质量（g）；t 为反应时间（min）。

【注意事项】

1. 快速准确称取样品鲜重，并迅速在低温下研磨成匀浆，加入预先用冰水冷却的缓冲液，全部洗入量瓶中，并定容至刻度，避免在空气中停留过久。

2. 使用微量滴定管时，要小心赶走气泡，滴定时轻轻转动活塞，注意终点的判断。

【思考题】

1. 画出实验流程图。

2. 抗坏血酸氧化酶和多酚氧化酶活性测定实验中哪些环节易产生误差？

3. 多酚氧化酶的活性升高对果实的品质有无影响？为什么？

第六章　植物细胞信号转导

实验19　植物细胞 G 蛋白活性的测定

【实验目的】

G 蛋白又称 GTP 结合调节蛋白（GTP binding regulatory protein），是偶联细胞膜受体与其所调节相应生理过程之间的主要信号传递者。因此，要掌握 G 蛋白活性检测的原理和方法。

一、荧光法

【实验原理】

荧光法是利用 3 种酶，包括 GTPase、丙酮酸激酶（pyruvate kinase，PK）、乳酸脱氢酶（lactate dehydrogenas，LDH）的级联反应，即 GTPase 催化 GTP 水解形成的 GDP 通过级联反应最后使具有荧光特性的底物 NADH（激发波长 340 nm，发射波长 460 nm）氧化为 NAD^+ 而发生荧光淬灭。NADH 荧光淬灭与 GTP 水解形成的 GDP 之间具有等量关系，即根据 NADH 荧光淬灭的速度测定 GTPase 的活性大小。其级联反应过程如下。

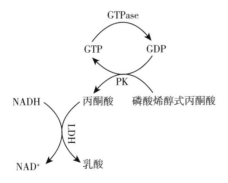

GTPase 活性测定一方面可以作为 G 蛋白存在的证据，另一方面又可以直接反映外界信号对 G 蛋白活性的影响及其程度。

【材料】

百合或其他植物的花粉（新鲜或于–70 ℃下贮藏）。

【仪器与用具】

荧光分光光度计（带记录仪）、冷冻高速离心机、水浴锅、涡旋振荡器、离心管（10 mL、50 mL）、超声波仪、小烧杯、移液器、10 mL 试管、搅拌棒等。

【试剂】

1. 花粉水解酶液：含 2% 纤维素酶、1% 果胶酶、30% 蔗糖。

2. 0.5 mol/L 山梨醇。

3. 原生质体悬浮液：每 100 mL 含 0.25 mol/L 山梨醇、1 mmol/L EDTA、5 mmol/L $MgSO_4$，用 10 mmol/L Tris-HCl（pH 值 7.4）配制。

4. 上相液：用 5 mmol/L 磷酸缓冲液（pH 值 7.6）配制，含 0.25 mol/L 蔗糖、1 mmol/L $MgSO_4$ 和 6.1% 的葡聚糖 T500。

5. 下相液：用 5 mmol/L 磷酸缓冲液（pH 值 7.6）配制，含 0.25 mol/L 蔗糖、1 mmol/L $MgSO_4$ 和 6.1% 的聚乙二醇 6000。

6. 反应介质 I 母液：含 0.5 mmol/L EDTA、1 mmol/L EGTA、5 g/L BSA（牛血清蛋白）、8 mmol/L $MgCl_2 \cdot 6H_2O$、40 mmol/L KCl、8%（V/V）甘油、0.25 mmol/L 蔗糖、30 mmol/L Hepes（4-羟乙基哌嗪乙磺酸），pH 值 7.6。

7. 反应介质 I：在反应介质 I 母液中，用前加入 0.7 mmol/L 巯基乙醇、2 mmol/L DTT（1,4-二硫苏糖醇）、1 mmol/L PEP（磷酸烯醇式丙酮酸）、210U PK/LDH 和 8 mmol/L NADH。

8. 样品稀释液：在不含 BSA 的反应介质 I "母液" 中加入 0.01%（V/V）Triton X-100。

9. 200 nmol/L GDP 溶液：GDP-Na_2 的相对分子质量为 472.2，可先配成较高浓度的母液，再稀释至 200 nmol/L。

10. 200 nmol/L GTP 溶液：GTP-Na_2 的相对分子质量为 567.1，先配成母液后再稀释至 200 nmol/L。

【实验步骤】

1. 标准曲线制作。

取 2 mL 反应介质 I（不含 GTP）于 10 mL 试管中，在 37 ℃ 水浴中保温 15 min，以除去可能含有的少量 GDP，全部转移至荧光比色皿中，然后用荧光分光光度计测定（激发和发射波长分别设置为 340 nm、460 nm，从扫描开始记录整个反应时间，并记录前 5 min 的荧光基线）。每隔 2 min 依次加入 200 nmol/L GDP 溶液 1 μL、5 μL、10 μL、50 μL、150 μL（使比色皿中 GDP 的终浓度分别为 0.1 nmol/L、0.5 nmol/L、1 nmol/L、5 nmol/L、15 nmol/L），每次加入 GDP 溶液后用移液器吸头迅速搅拌均匀，并利用记录仪记录荧光淬灭速率。以每分钟荧光淬灭的绝对值为纵坐标，GDP 梯度（pmol）为横坐标绘制标准曲线。

2. 样品提取与测定。

（1）花粉原生质体的制备。将新鲜或在−70 ℃下贮藏的植物花粉按 1∶10（m/V）加入花粉水解酶液，在 40~45 ℃下保温 6 h 去壁，用 3 层纱布或 400 目的镍丝网过滤水解液，滤液在 500 r/min 下离心 5 min，弃去上清液，用 0.5 mol/L 甘露醇（或山梨醇）溶液洗涤沉淀 3 次，每次洗涤后均在 500 r/min 下离心 5 min，沉淀即为原生质体。

（2）G 蛋白粗提液的制备。向原生质体中加入 5 mL 原生质体悬浮液，用 80 Hz 频率超声处理 2 min，在 30 000 r/min 下离心 1 h，沉淀悬浮于 10 mL 原生质体悬浮液中即得质膜粗提液。

在 50 mL 离心管中分别加入上相液和下相液各 10 mL，再加入质膜粗提液 2~4 mL，充分混匀，在 10 000 r/min 下离心 4 min，小心取出上相液于另一只洁净离心管中，30 000 r/min 下离心 1 h，弃去上清液，用 1 mL 样品稀释液溶解沉淀，并根据其中可溶性蛋白质含量（参见实验 15 进行测定）再用反应介质 I 稀释至含 1 mg 蛋白质/mL，即为质膜 G 蛋白粗（酶）提取液，于−20 ℃保存，待用。

（3）GTPase 活性测定。参照标准曲线的制作过程，在荧光比色皿中加入反应介质 I 和待测 G 蛋白粗酶提取液，起始总体积为 2 mL，激发和发射波长分别设置为 340 nm、460 nm，扫描、记录 5 min 荧光基线后，向比色皿中加入 200 nmol/L GTP 溶液 10~150 μL（使比色皿中 GTP 的终浓度为 1~15 nmol/L），加入 GTP 溶液后用移液器吸头迅速搅拌均匀，用记录仪记录样品的荧光淬灭速率（表 19-1）。

【数据记录】

表 19-1　实验结果记录

样品的荧光淬灭速率	从标准曲线查出对应的酶解 GTP 的量/pmol	样品中的蛋白质量/mg	反应时间/min

【结果计算】

根据样品的荧光淬灭速率从标准曲线查出对应的酶解 GTP 的量（pmol），以样品液每毫克蛋白在每分钟内酶解的 GTP 量表示 GTPase 活性：

$$\text{GTPase 活性}\left[\text{pmol}/(\text{mg}\cdot\text{min})\right] = \frac{\text{酶解底物 GTP}}{\text{样品中的蛋白质量}\times\text{反应时间}}$$

【注意事项】

此法测定的是 G 蛋白水解 GTP 的总活性，缺点是不能区分 G 蛋白的具体类型。

【思考题】

1. 画出实验流程图。

2. G 蛋白有何生理功能？

二、同位素放射强度法

【实验原理】

根据 G 蛋白具有内在 GTPase 活性的特点，利用 $[\gamma-^{32}P]$ -GTP 作为底物，以 G 蛋白在单位时间内水解 $[\gamma-^{32}P]$ -GTP 释放的 $^{32}PO_4^{3-}$ 的放射强度来表示 GTPase 活性的大小。

【材料】

百合或其他植物的花粉（新鲜或于-70 ℃下贮藏）。

【仪器与用具】

液体闪烁记录仪、台式离心机、水浴锅、涡旋振荡器、10~50 μL 移液器、1.5 mL Eppendroff 管、有机玻璃防护板、手持射线检测器等。

【试剂】

1. 反应介质 II：25 mmol/L Tris-HCl（pH 值 7.6），内含 12 mmol/L $MgCl_2$、0.2% BSA、1 mmol/L EDTA。

2. $[\gamma-^{32}P]$ -GTP

3. 沉淀缓冲液：含 0.1 mol/L $HClO_4$、15 mmol/L $(NH_4)_2MoO_4$、5 mmol/L 盐酸四乙胺，pH 值 5.0。

【实验步骤】

1. 样品提取。

花粉质膜 G 蛋白粗（酶）液的制备及其可溶性蛋白含量测定同本实验中的"一、荧光法"。

2. 样品测定。

取相当于 10 μg 蛋白的待测 G 蛋白粗（酶）液于 1.5 mL Eppendroff 管中，加入 25 μL 不含 $[\gamma-^{32}P]$ -GTP 的反应介质 II，混匀后在 30 ℃水浴中保温 5~10 min，再加入 $[\gamma-^{32}P]$ -GTP 至终浓度 1.0 nmol/L 启动反应，保温反应 10 min 后，向反应液中加入 50 μL 沉淀缓冲液（同时终止反应），混匀。在 4 ℃下静置 15 min 后，1 500 r/min 离心 10 min，收集沉淀部分，并用沉淀缓冲液将沉淀洗涤 1~2 次，然后在液体闪烁记录仪上测定所得沉淀的放射强度（表 19-2）。

【数据记录】

表 19-2 实验结果记录

$^{32}PO_4^{3-}$ 生成的量	酶解［γ-^{32}P］-GTP 的量/pmol	样品中的蛋白质量/mg	反应时间/min

【结果计算】

根据酶解下来的 $^{32}PO_4^{3-}$ 换算出被酶解的［γ-^{32}P］-GTP 的量（pmol），以质膜 G 蛋白粗（酶）提取液每微克蛋白在每分钟内酶解底物［γ-^{32}P］-GTP 的量表示 GTPase 活性大小。

$$\text{GTPase 活性}\left[\text{pmol}/（\text{mg·min}）\right]=\frac{\text{酶解底物}［γ-^{32}\text{P}］\text{-GTP 的量}}{\text{样品中的蛋白质量×反应时间}}$$

【注意事项】

1. 同位素法灵敏度高，但存在反应产物 GDP 累积而引起反馈抑制效应；荧光法测定中，GDP 不会累积，同时还可保持底物 GTP 浓度的恒定，专一性和灵敏度都比较高。

2. 在反应体系中用 GTP-γ-^{35}S 代替［γ-^{32}P］-GTP 作标记底物，可排除体系中 ATPase 干扰。

3. 一般 GTPase 活性测定实验无法区分所检测的 G 蛋白的具体类型。若要区分是哪一种 G 蛋白，还需结合加入专一性抑制剂的实验，如在反应体系中加入 PTX（百日咳毒素）专一性地抑制异三聚体 G 蛋白的活性后，可测定小 G 蛋白的活性，然后再计算出异三聚体 G 蛋白的活性。

4. 异三聚体 G 蛋白的定量还可采用细菌毒素诱导的核糖基化实验或免疫转移电泳实验。①细菌毒素诱导的核糖基化实验：一些细菌毒素如 PTX 和 CTX（霍乱毒素）可使异三聚体 Gα（α 亚基）上的特定氨基酸残基如 Cys 或 Arg 发生 ADP-核糖基化反应，如将 ADP-核糖基供体 NAD$^+$用^{32}P 标记，则可通过放射自显影检测 G 蛋白的存在。②免疫转移电泳实验：基于抗原-抗体反应有很强的特异性，利用抗某种 G 蛋白或蛋白某些保守序列的抗体进行 G 蛋白的特异性检测（具体操作过程可参照蛋白质的 Western blotting）。

5. 使用放射性物质时，应按相关规定进行安全操作。

【思考题】

1. 画出实验流程图。

2. 检测 G 蛋白活性的依据是什么？

实验 20 钙调素（CaM）总量的测定

【实验目的】

钙调素（Calmodulin，CaM）是由 148 个氨基酸残基（其中 1/3 是谷氨酸和天冬氨酸，而没有易氧化的半胱氨酸和色氨酸）组成的等电点为 4.3、耐酸、耐热的小分子球形蛋白质。CaM 参与 Ca^{2+} 信使系统的信号转导并发挥着重要作用。因此，要掌握 CaM 总量测定的原理和方法。

【实验原理】

当待测 CaM（即抗原）与反应体系中的过量 CaM 抗体结合后，剩余的自由抗体通过与固相 CaM 结合并在固相上形成"抗体-抗原"复合物，该"抗体-抗原"复合物再与酶标记二抗（如羊抗兔 IgG-HRP）形成复合物，加入酶标记二抗的显色底物并经酶催化生成有色产物，通过分光光度法可进行定量，根据产物颜色深浅与自由抗体的结合量成正比、与待测抗原（CaM）成反比的关系，便可计算待测抗原——CaM 的量。

【材料】

黄化植物（如小麦）叶片或植物新鲜绿色叶片。

【仪器与用具】

组织捣碎仪、高速冷冻离心机、10 mL 离心管、酶联免疫检测仪、恒温培养箱、低温冰箱、水浴锅、聚苯乙烯酶标反应板（48 孔或 96 孔）、10 mL 试管、移液器（100 μL、200 μL）、1.5 ml Eppendroff 管等。

【试剂】

1. 样品提取缓冲液：含 50 mmol/L Tris-HCl、2 mmol/L EDTA、0.15 mol/L NaCl、0.5 mmol/L PMSF（苯甲基磺酰氟）和 20 mmol/L NaHSO$_3$，pH 值 8.0。

2. CaM 包被液：①用 0.05 mol/L 碳酸盐缓冲液（pH 值 9.6）溶解 CaM 标准品至终浓度 10 μg/mL。② 0.05 mol/L（pH 值 9.6）碳酸盐缓冲液的配制：0.19 g Na$_2$CO$_3$、0.29 g NaHCO$_3$，用蒸馏水溶解并定容至 100 mL。

3. CaM 标准液：用样品提取缓冲液溶解后，稀释至浓度 12.5 μg/mL。

4. 兔抗 CaM 血清：用样品提取缓冲液溶解，稀释 100 倍。

5. 正常兔血清：临用前稀释 100 倍。

6. 洗涤缓冲液：含 0.14 mol/L NaCl 和 0.05% Tween-20 的 0.01 mol/L 磷酸盐缓冲液（pH 值 7.4）。

7. 羊抗兔 IgG-HRP（过氧化物酶标记二抗）：临用前根据试剂说明书稀释 2 500~5 000 倍。

8. 2 mol/L H$_2$SO$_4$。

9. 四甲基联苯胺（Tetramethyl benzidine，TMB）底物缓冲液：先将 TMB 用

少量丙酮溶解后，加入底物缓冲液（0.1 mol/L 乙酸钠-柠檬酸缓冲液，pH 值 5.0），再加入 H_2O_2，使其终浓度为 0.03%。

【实验步骤】

1. 样品提取。

取 2 g 左右新鲜植物叶片，在 -40 ℃下冷冻 30 min，加两倍体积的样品提取缓冲液，经组织捣碎仪高速捣碎后，用 4 层纱布过滤，上清液转入 10 mL 试管中，在 85~95 ℃水浴中保温处理 3 min，取出试管并迅速冷却到 10 ℃以下，将冷却后的样品溶液转入离心管中，在 10 000 g（若离心半径为 6 cm，相当于 13 000 r/min）下离心 30 min，上清液即为含 CaM 的待测液。

2. 钙调素的测定。

（1）固相 CaM 包埋。在酶标反应板孔内准确加入 100 μL 含植物 CaM（10 μg/mL）的包被液（包埋孔的数量按每样 3 次平行测定计算），置于湿盒中在 37 ℃下保温 2 h（若在 4 ℃下需保温 48 h 以上）。

（2）体外抗体-CaM 结合反应。取 1.5 mL Eppendroff 管，将 CaM 标准液稀释后，每管分别加入 CaM 总量为 0 ng、10 ng、40 ng、157 ng、625 ng、2 500 ng，用样品提取缓冲液调整总体积至 200 μL/管，再向各管中分别加入 200 μL 稀释后的兔抗 CaM 血清；另取 1 支 Eppendroff 管分别加入待测样品 200 μL 和稀释后的兔抗 CaM 血清 200 μL，全部混匀后，放入 37 ℃中保温 2 h。

（3）将 37 ℃下保温 2 h（或在 4 ℃下保温 48 h 以上）的酶标反应板（即固相 CaM 包埋反应板）从湿盒中取出，室温平衡后，弃去包被液，用洗涤缓冲液冲洗 3 次，甩干。

（4）在酶标板各孔加入 2%的脱脂奶粉 100 μL，于 37 ℃下保温 1 h，再用洗涤液洗涤各孔 3 次。

（5）在酶标板各孔顺序加入上述"体外抗体-CaM 结合反应"管中的系列标准 CaM 反应液和待测反应液各 100 μL（作平行样孔 3 个）；同时做阴性对照（即在另外 3 个平行孔中加入 100 μL 稀释后的正常兔血清）；另取一孔加 100 μL 洗涤液（作为仪器空白调零用），置于 37 ℃湿盒中保温 1 h。

（6）用洗涤液洗涤各孔 3 次，再次在加入洗涤液的孔加入洗涤液 100 μL，其余各孔分别加入稀释后的酶标山羊抗兔 IgG-HRP 100 μL，于 37 ℃下保温 1 h 后，用洗涤液洗涤各孔 3 次。

（7）每孔加入四甲基联苯胺底物缓冲液 100 μL，于 37 ℃下保温 20 min 后每孔加入 50 μL 2 mol/L H_2SO_4，终止反应。

（8）将反应板置于酶标检测仪上，于波长 450 nm 下测定，并记录各孔的吸光度值（表 20-1），以加洗涤液的孔为空白调节仪器零点。

【数据记录】

表 20-1　实验结果记录

标准曲线方程	根据待测样品的吸光度值 A_{450}	从标准曲线上查得对应的 CaM 含量

【结果计算】

以 3 次平行测定的吸光度值的平均值用于结果计算。

1. 标准曲线的绘制：以每孔对应的标准 CaM 的量（ng/孔）为横坐标，以对应测得的吸光度值为纵坐标，绘制标准曲线。

2. 根据待测样品的吸光度值，从标准曲线上查得对应的 CaM 含量。

【注意事项】

1. ELISA 具有特异性强、敏感性高的特点，但实际操作过程中往往存在非特异性显色，因而所测样品必须用同一块酶标板，并与 CaM 标准曲线进行比较；所测样品多而同时须做多块板时，每块板都必须做标准曲线。

2. 底物缓冲液需现用现配。

【思考题】

1. 画出实验流程图。

2. 应用酶联免疫法测定 CaM 含量时，如果显色反应过程中出现不显色现象，请分析可能的原因。

实验21 蛋白质磷酸化酶——钙依赖蛋白激酶活性的测定

【实验目的】

蛋白质磷酸化与去磷酸化过程是植物细胞生命活动的调控中心。蛋白质磷酸化过程是通过蛋白激酶来实现的，钙依赖蛋白激酶（Ca^{2+}/calmodulin-dependent-protein kinase，CDPK）是植物细胞中最重要的蛋白激酶之一，广泛存在于植物细胞的各种亚细胞部位，参与细胞信号转导。因此要掌握 CDPK 活性测定的原理和方法。CDPK 活性的测定可以用液闪法和放射性自显影法。本实验用液闪法测定。

【实验原理】

利用 CDPK 能将 $\gamma-{}^{32}P$-ATP 的 $\gamma-{}^{32}P$ 转移到其底物蛋白分子（外加底物一般使用组蛋白-III）上的功能，在一定的酶反应体系中，当存在足量底物蛋白及 $\gamma-{}^{32}P$-ATP 时，短时间内底物蛋白分子上所结合的 ${}^{32}P$ 的数量与 CDPK 的活性大小呈正比。当加入三氯乙酸终止酶促反应后，将一定量的酶反应液滴加到能够强烈吸附蛋白质的材料上（如 GF/A 滤纸或 PVDF 膜等），所有的蛋白质便被固定在吸附材料上，然后用含有焦磷酸盐的缓冲溶液将吸附材料上的无机 ${}^{32}P$ 及未反应的 $\gamma-{}^{32}P$-ATP 充分洗除，最后吸附材料上所含有的 ${}^{32}P$ 放射性就代表了蛋白质分子中 ${}^{32}P$ 的多少，通过液体闪烁计数仪测定其 ${}^{32}P$ 放射性的大小便可代表 CDPK 活性大小。

【材料】

植物新鲜叶片或细胞。

【仪器与用具】

冷冻离心机、离心管（10 mL、50 mL）、1.5 mL Eppendroff 管、水浴锅、通风橱、GF/A 玻璃纤维滤纸、可调式移液器（10 μL、50 μL）、有机玻璃防护板、手持射线检测器、液体闪烁计数仪、电吹风、组织捣碎机、陶瓷研钵、液氮等。

【试剂】

1. 样品清洗缓冲液：含 20 mmol/L Tris-HCl、0.4 mol/L 苏糖醇、10 mmol/L $MgCl_2$，pH 值 8.5。

2. 样品提取缓冲液：含 20 mmol/L Tris-HCl（pH 值 7.2）、2.5 mmol/L EDTA 及终浓度为 3 mmol/L 的 PMSF（临用前用甲醇溶解后添加到缓冲液中）。

3. 反应缓冲液 200 mmol/L Hepes（羟乙基哌嗪乙磺酸）、40 mmol/L $MgCl_2$，pH 值 7.2。

4. 5 mmol/L $CaCl_2$。

5. 5 mmol/L EGTA。

6. 5 mg/mL 组蛋白-III（Histone III）。

7. γ-^{32}P-ATP 溶液放射性比浓度为 370 MBq/mL。

8. 含 0.2% Na$_4$P$_2$O$_7$ 的 20%三氯乙酸（TCA）溶液。

9. 无水乙醇：乙醚（1∶1，V/V）溶液。

10. 甲苯闪烁液：含 4‰ 2,5-二苯基恶唑（PPO）和 0.05‰双［2-（5-苯基）恶唑基］苯（POPOP）的甲苯溶液。

【实验步骤】

1. 样品制备。

将待测植物材料用样品清洗缓冲液充分清洗、除去表面杂质后，称取 1 g 组织或细胞，加入液氮冷冻，在冰冻状态下用研钵充分研磨成粉末，加入等量（m/V）的预冷样品提取缓冲液后迅速研磨成浆（或用高速组织捣碎机在 0~4 ℃下将植物材料捣成浆状），在 4 ℃下以 1 000 g（若离心半径为 3 cm，相当于 5 500 r/min）离心 3 min，收集上清液，即为胞质部分的 CDPK 待测液。

2. CDPK 活性测定。

（1）先按表 21-1 的流程准备好预反应体系。

表 21-1　液闪法测定 CDPK 活性的预反应体系操作流程

试剂	试管编号及±Ca^{2+}处理			
	+Ca^{2+}（加钙）		-Ca^{2+}（不加钙）	
	1	2（CK$_1$）	3	4（CK$_2$）
反应缓冲液/μL	25	25	25	25
5mmol/L CaCl$_2$/μL	20	20	–	–
5 mmol/L EGTA/μL	–	–	20	20
5 mg/mL 组蛋白-III/μL	20	20	20	20
	在 30 ℃水浴中保温 10~15 min			
待测 CDPK 酶液/μL	32	–	32	–
蒸馏水/μL	–	32	–	32

注：–表示无此操作。

预反应体系准备好后，连同水浴锅一起转移到通风橱中，放好防辐射护板，进行后续操作。

（2）启动反应及测定。向各管中加入 3 μL 放射性比浓度为 370 MBq/mL 的 γ-^{32}P-ATP 溶液，混匀后在 30 ℃下反应 6 min，分别从各反应管中取 50 μL 反应液加入 GF/A 滤纸上，将滤纸浸入 2 mL 20%三氯乙酸中，终止反应。每一张滤纸用 10 mL 以上的 20%三氯乙酸（含 0.2% Na$_4$P$_2$O$_7$）冲洗 3~4 次，再用 10 mL 乙醇：乙醚（1∶1）溶液冲洗 3~4 次，用电吹风将滤纸吹干后，分别放入液闪瓶中，各加入 10 mL 甲苯闪烁液，盖上瓶盖，放入液体闪烁计数仪中测定（表 21-2）。

【数据记录】

表 21-2 实验结果记录

1号管的测定值 A_1	2号管的测定值 CK_1	3号管的测定值 A_2	4号管的测定值 CK_2	CDPK 酶液中蛋白质的量 m	反应体系的总体积 V_T	液闪测定时取用的反应液体积 V_S	反应时间 t

【结果计算】

分别读取加钙（+Ca^{2+}）和不加钙（-Ca^{2+}）的样品及其对照的测定值（cpm），按下列公式计算样品中的 CDPK 活性。

$$CDPK\ 活性\ [cpm/（\mu g\ 蛋白质 \cdot min）] = \frac{(A_1 - CK_1) - (A_2 - CK_2)}{m \times t} \times \frac{V_T}{V_S}$$

式中：A_1 为加 Ca^{2+} 的 1 号管的测定值；CK_1 为空白对照 2 号管的测定值；A_2 为不加 Ca^{2+} 的 3 号管的测定值；CK_2 为空白对照 4 号管的测定值；m 为反应体系中加入的待测 CDPK 酶液中蛋白质的量（μg）；t 为反应时间（min）；V_T 为反应体系的总体积（μL）；V_S 为液闪测定时取用的反应液体积（μL）。

【注意事项】

1. 若要测定某一特定细胞部位的 CDPK 活性，就需先将这一组分与其他组分进行分离。须注意的是，在细胞破碎过程中，溶酶体释放出的蛋白水解酶易导致 CDPK 水解而失去活性，因而测定 CDPK 的所有操作过程应在低温下进行，同时加入蛋白水解酶的抑制剂如苯甲基磺酰氟（PMSF）等，以避免 CDPK 失活。

2. 凡是带有放射性的所有操作均应在有防护条件的通风橱中进行，放射性废液按相关规定集中，统一处理。

3. 实验完毕后，检测器检测实验用品、台面及实验人员，确定无放射性污染后方可离开实验室。

【思考题】

1. 画出实验流程图。

2. CDPK 等蛋白质磷酸化酶的提取应注意些什么？

第七章　植物生长物质

实验 22　生长素类物质对植物根芽生长的影响

【实验目的】

通过观察不同浓度生长素类似物质萘乙酸（NAA）对植物根芽生长的不同影响，了解生长调节剂的作用特点以及使用时的注意事项。

【实验原理】

生长素及人工合成的类似物质如萘乙酸等对植物生长有很大影响，但不同浓度的作用不同，一般来说，低浓度表现促进效应，高浓度起抑制作用，根对生长素较芽敏感，最适浓度比芽要低些。

【材料】

小麦种子。

【仪器与用具】

恒温培养箱、培养皿、小烧杯、玻璃棒、移液管、滤纸、镊子、直尺、记号笔等。

【试剂】

1. 10 mg/L 萘乙酸（NAA）溶液：称取萘乙酸 10 mg，加少许酒精溶解后再用蒸馏水定容至 1 000 mL，即得 10 mg/L 萘乙酸溶液。

2. 0.4% 的高锰酸钾溶液：称取 0.4 g 高锰酸钾溶解于 100 mL 蒸馏水中，准确定容至刻度。

【实验步骤】

1. 配制 NAA 梯度溶液。

取洁净培养皿 7 套，在底座侧面编号①~⑦。①号培养皿中加入已配好的 10 mg/L NAA 溶液 10 mL；②~⑦号培养皿中各加入 9 mL 蒸馏水，然后从①号培养皿中用移液管吸出 10 mg/L 的 NAA 1 mL 溶液注入②皿中，充分混匀后，即成 1 mg/L 的 NAA 溶液；再从②号皿中吸出 1 mg/L 的 NAA 1 mL 溶液注入③号皿，混匀即成 0.1 mg/L 的 NAA 溶液。依次操作继续稀释至⑥号皿，摇匀后从中吸取 1 mL 液体弃去，如此即得到 10 mg/L、1 mg/L、0.1 mg/L、0.01 mg/L、0.001 mg/L、0.000 1 mg/L 6 种 NAA 梯度溶液。⑦号皿中不加 NAA，只有蒸馏水，作为对照。

2. 挑选种子。

精选饱满完好、大小基本一致的小麦种子 140 粒置于小烧杯中，用 0.4% 高锰酸钾溶液消毒 15 min，将废液倒掉，再用自来水、蒸馏水各冲洗 3 遍，用滤纸吸干种子表面的水分后备用。

3. 播种培养发芽。

在配制好的 NAA 梯度溶液的培养皿中各放一张大小合适的圆形滤纸，按 ⑦→⑥→⑤→④→③→②→① 顺序播种。用干净镊子在每个培养皿的滤纸上均匀放置 20 粒种子，加盖后将培养皿放入 25 ℃ 温箱中培养 24 h 后，观察种子萌动情况，弃去没有萌发及发芽不整齐的种子，保留 10 粒发芽整齐一致的种子摆放成圆形（种胚一律朝向培养皿的中心），加盖后在温箱中再继续培养 48 h 后观察并测定根芽生长情况。

4. 测量小麦根芽生长量。

分别统计不同浓度 NAA 培养皿中 10 粒种子的根数，测定每粒种子最长的 3 条根的长度及芽长，将结果分别记于表 22-1（共 7 张）；以 ⑦ 号皿为对照，确定不同浓度 NAA 对小麦根、芽生长的促进或抑制作用（结果记录于表 22-2），并加以分析，最后综合判断适于小麦根芽生长的最适 NAA 浓度。

【数据记录】

表 22-1　NAA 浓度对根芽生长的影响记录表

| 编号 ⑦ | 根数/条 | 根 长/cm | | | 芽长/cm |
种子序号		第一根长	第二根长	第三根长	
1					
2					
3					
4					
5					
6					
7					
8					
9					
10					
平均值					

（续表）

编号 ⑥ 种子序号	根数/条	根 长/cm			芽长/cm
		第一根长	第二根长	第三根长	
1					
2					
3					
4					
5					
6					
7					
8					
9					
10					
平均值					

编号 ⑤ 种子序号	根数/条	根 长/cm			芽长/cm
		第一根长	第二根长	第三根长	
1					
2					
3					
4					
5					
6					
7					
8					
9					
10					
平均值					

（续表）

编号④	根数/条	根 长/cm			芽长/cm
种子序号		第一根长	第二根长	第三根长	
1					
2					
3					
4					
5					
6					
7					
8					
9					
10					
平均值					

编号③	根数/条	根 长/cm			芽长/cm
种子序号		第一根长	第二根长	第三根长	
1					
2					
3					
4					
5					
6					
7					
8					
9					
10					
平均值					

（续表）

编号 ② 种子序号	根数/条	根 长/cm			芽长/cm
		第一根长	第二根长	第三根长	
1					
2					
3					
4					
5					
6					
7					
8					
9					
10					
平均值					

编号 ① 种子序号	根数/条	根 长/cm			芽长/cm
		第一根长	第二根长	第三根长	
1					
2					
3					
4					
5					
6					
7					
8					
9					
10					
平均值					

【结果计算】

表 22-2 不同浓度 NAA 中小麦根、幼芽生长状况

生长情况	皿号及 NAA 浓度/（mg/L）						
	①-10	②-1	③-0.1	④-0.01	⑤-0.001	⑥-0.0001	⑦-0
平均根数/个							
平均根长/cm							
幼根增/减长度/cm							
平均芽长/cm							
幼芽增/减长度/cm							

注：增减长度为各处理与对照⑦相减的差值，正值为增，负值为减。

【注意事项】

1. 播种及挑选种子时的顺序始终是：⑦→⑥→⑤→④→③→②→①，从低浓度往高浓度操作以减少实验误差，⑦号皿是对照，要格外小心避免污染，否则影响实验分析。

2. 注意每次操作使用镊子前一定要洗净并擦干后再用，否则容易污染，影响实验效果。

3. 两次挑选种子都要仔细，标准一致，尽可能减少种子本身的差异所带来的误差。

【思考题】

1. 画出实验流程图。

2. 根据实验结果分析小麦根和芽的生长对生长素敏感性的差异，并确定最适合小麦根、芽生长的 NAA 浓度。

3. 如果实验结果与实验原理出现不相符合的情况，你将如何分析实验结果？

实验 23　细胞分裂素对离体子叶的增重和保绿效应

【实验目的】

观察细胞分裂素对离体子叶的增重和保绿效应。

【实验原理】

在植物中广泛存在着细胞分裂素，细胞分裂素能够促进细胞分裂，阻止核酸酶和蛋白酶等一些水解酶的产生，从而使核酸、蛋白质和叶绿素少受破坏，同时具有减少营养物质向外运输的作用。

将植物的离体叶片放在适宜浓度的细胞分裂素溶液中，置于 $25 \sim 30$ ℃ 黑暗条件下，叶片中叶绿素的分解速度比对照慢，证明细胞分裂素具有保绿作用。

【材料】

黄瓜子叶或萝卜子叶。

【仪器与用具】

电子分析天平、分光光度计、恒温培养箱、恒温水浴锅、25 mL 容量瓶、25 mL 刻度试管、试管架、移液管、培养皿、瓷盘、刀片、尖头镊子、滤纸、洗耳球、玻璃棒。

【试剂】

1. 100 μg/mL 6-BA 母液：准确称取 6-BA 10 mg，加几滴 1 mol/L HCl 溶解（可稍加热溶解），然后慢慢加入蒸馏水稀释后定容至 100 mL。

2. 95% 乙醇、$CaCO_3$ 粉末。

【实验步骤】

1. 黄瓜幼苗的培养。

精选黄瓜种子，播入垫有滤纸的瓷盘中，加蒸馏水使之湿润（注意种子不能渍水），待种子萌发后，在光下培养 $2 \sim 3$ d，直至子叶绿化，备用。

2. 系列浓度 6-BA 溶液配制：吸取 100 μg/mL 的 6-BA 母液，稀释成 10 μg/mL、5 μg/mL、0.5 μg/mL 的系列浓度溶液。

3. 离体黄瓜子叶的培养。

（1）取 4 套培养皿，编号，每套培养皿各垫一张滤纸，分别作 0.5 μg/mL、5 μg/mL、10 μg/mL 的 6-BA 溶液和蒸馏水（CK）4 个处理，即为第一组。

（2）选取子叶大小、生长一致的黄瓜幼苗 20 株，每处理 5 株（10 片子叶），用刀片切下不附带叶柄的子叶，分别称取鲜重，将数据记入下表中。然后将子叶放入第一组相应编号的培养皿中，分别加入不同浓度的 6-BA 溶液 3 mL，对照（CK）加蒸馏水 3 mL。盖上培养皿盖，置于暗处，$25 \sim 28$ ℃ 培养 3 d。

另取与第一组相同的黄瓜幼苗 20 株，用刀片切下不附带叶柄的子叶作第二组，直接用来测定叶绿素含量。

4. 第二组黄瓜子叶叶绿素含量的测定。

（1）叶绿素的提取。取 3 支 25 mL 刻度试管，编号。称取第二组的黄瓜子叶三份（3 个重复），每份 10 片子叶，然后放入相应编号的刻度试管中，各加入少量 $CaCO_3$ 粉末及 95% 乙醇 3~4 mL，用玻璃棒小心将子叶捣碎后，将试管放入 45 ℃恒温水浴提取叶绿素 30 min 左右，直到子叶碎片无色为止，用滤纸过滤于 25 mL 容量瓶中（如残渣仍带绿色，可再加 95% 乙醇继续提取，直至残渣无绿色）。滤纸上的色素用 95% 乙醇慢慢点滴清洗入容量瓶中，最后定容至刻度，摇匀，待测。

（2）叶绿素含量的测定。在 652 nm 波长处，以 95% 乙醇为空白对照，测定叶绿素提取液的吸光度（A_{652} 值）。并按公式计算出叶绿素含量，即为培养前子叶的叶绿素含量。

5. 第一组黄瓜子叶叶绿素残留量的测定。

第一组黄瓜子叶在暗处培养 3 d 后，按上述第 4 步骤方法分别测定各处理子叶叶绿素含量，并按公式计算出各处理叶绿素含量，即为暗培养后子叶叶绿素含量（表 23-1）。

【数据记录】

表 23-1 细胞分裂素对黄瓜离体子叶的保绿效应

细胞分裂素浓度/（μg/mL）	10		5		0.5		0（CK）	
	1 组	2 组	1 组	2 组	1 组	2 组	1 组	2 组
子叶（10 片）鲜重/mg								
培养前叶绿素含量/（mg/g）								
培养后叶绿素含量/（mg/g）								

【结果计算】

$$叶绿素含量（mg/g） = \frac{A_{652} \times 提取液体积}{34.5 \times 样品鲜重}$$

式中：A_{652} 为叶绿素提取液在 652 nm 波长下的吸光度值；34.5 为叶绿素 a、叶绿素 b 在 652 nm 波长处的比吸收系数。

$$暗培养后叶绿素含量占培养前叶绿素的百分率（\%） = \frac{培养后叶绿素含量}{培养前叶绿素含量} \times 100$$

【注意事项】

材料培养周期长，注意安排好测定时间。

【思考题】

1. 画出实验流程图。
2. 比较不同浓度的细胞分裂素溶液对黄瓜子叶的保绿作用。
3. 你还知道细胞分裂素在农业生产上有哪些应用吗？

实验 24　脱落酸的生物鉴定法

【实验目的】

学习脱落酸（ABA）的生物鉴定方法。

【实验原理】

ABA 具有抑制植物芽鞘伸长的特性，对脱落酸含量的生物测定，可用小麦芽鞘切段法。在一定浓度范围内，芽鞘切段减少的百分比与 ADA 的浓度成正比，利用这一线性关系就可确定组织中 ABA 的含量。

【材料】

小麦幼苗。

【仪器与用具】

冰箱、暗室、微量移液器、电子天平、容量瓶、磁力搅拌器、旋转器、刀片、尼龙网、滤纸、具塞试管、青霉素瓶、镊子、刻度尺、培养皿等。

【试剂】

1. 1% NaClO 溶液。

2. 100 mg/L ABA 母液：称 20 mg ABA 溶于少量无水乙醇中，再用蒸馏水稀释至 100 mL（化学合成的 ABA 含顺式与反式 ABA 各为 50%，仅顺式 ABA 具有生理活性，故称量加倍）。

3. 2%蔗糖−0.01 mol/L 磷酸缓冲液（pH 值 5.0）：称取 1.794 g K_2HPO_4、1.019 g 柠檬酸和 20 g 蔗糖，分别溶于蒸馏水中，混合后定容至 1 000 mL。

【实验步骤】

1. 材料的准备。

挑选大小均匀的小麦种子（最好用前一两年采收的种子。因当年新收的种子发芽不整齐），用 1% NaClO 溶液消毒 30 min 后，自来水冲洗干净，浸种 2 h，然后放在盛有湿润滤纸的培养皿中（腹沟朝下），在 25 ℃黑暗条件下发芽。当第一条胚根出现后，移入培养缸的塑料网上，胚根插入网眼中，继续在 25 ℃黑暗下培养，约 72 h（从浸种算起）后，胚芽鞘长达 3 cm 左右时，在暗室中绿光下取 2.8~3.0 cm 幼苗（因这样大小的芽鞘对 ABA 最敏感），切去芽鞘尖端 3 mm，取下面 5 mm 切段做实验。将切段在重蒸水中浸洗 2~3 h，以除去切段中的内源激素。

2. 标准曲线的制作。

配制 0.001 mg/L、0.01 mg/L、0.1 mg/L、1.0 mg/L、10 mg/L 系列的 ABA 标准溶液（用缓冲液配制，并且配在具塞试管中）。然后分别吸取 2 mL 上述 ABA 系列标准溶液置于具塞的青霉素瓶中，另外吸取 2 mL 缓冲液作对照。切段浸泡后，用滤纸将其表面水分吸干，在上述盛有不同浓度生长素的青霉素瓶中，分别放入芽鞘切段 10 段（最好放 11~12 段，以便挑选），加塞，每一浓度重复 3 次。将青霉素瓶置于旋转器上（旋转速度为 16 r/min），在 25 ℃ 暗室中旋转培养。旋转培养 20 h 后取出芽鞘切段，在滤纸上吸干，测量芽鞘切段的长度。求出每种处理的平均长度，用对照处理的切段总长减去 ABA 各浓度处理后所测得的总长，得净减少的总长（cm），再除以原始总长，乘 100%，得减少的百分比。用减少的百分比为纵坐标，ABA 浓度为横坐标，绘制标准曲线。芽鞘减少的百分比与 ABA 浓度成正比。

3. 样品的测定。

将待测样品溶于缓冲液，吸取 2 mL 置于青霉素瓶中，然后按上述步骤操作，从标准曲线上查得 ABA 的浓度，结果记录于表 24-1。

【数据记录】

表 24-1　ABA 对小麦芽鞘的抑制效应

项目	ABA 标准溶液浓度/(mg/L)					
	对照	0.001	0.01	0.1	1.0	10
芽鞘切段平均长度/cm						
芽鞘切段减少的百分比/%	—					
样品芽鞘减少的百分比/%						

【结果计算】

待测样品可从标准曲线上查得相应的 ABA 浓度，然后乘以稀释倍数，即得样品中 ABA 的实际含量。在一定 ABA 浓度范围内，芽鞘减少的百分比（%）与 ABA 的浓度成正比。

【注意事项】

1. 取材以小麦幼苗效果较好。

2. 小麦芽鞘切段法整个操作过程都要在暗室中绿光下进行。

3. 要用缓冲液来配制 ABA 的系列标准溶液。

4. 用于萌发的小麦种子要先进行消毒处理。

5. 待测样品的 ABA 浓度如果很高，应根据估计的浓度范围适当稀释，使稀释的 ABA 浓度在 0.5~50 mg/L 范围内。

【思考题】

1. 画出实验流程图。

2. 进行 ABA 的生物鉴定操作，应注意哪些事项？

3. 你还知道 ABA 在农业生产上有哪些应用吗？

第八章 植物的生长生理

实验 25　种子生活力的快速鉴定

【实验目的】

学习快速测定种子生活力的 3 种实验方法，掌握各方法的实验原理并比较不同方法的优缺点。

一、氯化三苯基四氮唑（TTC）法

【实验原理】

有生活力的种胚进行呼吸作用会产生还原态的脱氢辅酶（NADH 或 NADPH），可使进入细胞的某些染料被还原而显色（如 TTC）或褪色（如甲烯蓝）。失去生活力的种子，脱氢酶已失活，故无颜色变化；生活力下降的种子，脱氢酶活性也下降，故颜色变化不明显。因此，可由处理种子染色（或褪色）的情况推知种子的生活力。本测定采用 TTC 比色法。TTC 是氯化三苯基四氮唑（2,3,5-tripheyl tetrazolium chloride）的英文名称缩写，又名"红四氮唑"，是标准的氧化还原色素（还原前的电位为 -80 mV），溶于水后呈无色的溶液。被还原后，由无色的 TTC 变成红色的 TTF（三苯甲腙）。其反应如下。

TTC 无色，溶于水　　　　TTF（三苯甲腙），不溶于水，红色

因此，观察经 TTC 溶液浸泡种子胚部的变色情况，就可以判断种子的生活力。本方法准确性高，是国际上通用的测定种子生活力的方法。

【材料】

小麦、棉花、玉米等的种子。

【仪器与用具】

恒温箱、培养皿、单面刀片、烧杯、镊子、滤纸、垫板等。

【试剂】

0.1% TTC 溶液。称取 TTC 0.1 g 放在烧杯中，加入少量 95% 乙醇使其溶解，用蒸馏水定容至 100 mL，溶于水后，呈中性，pH 值 6.5~7.5，不宜久藏，应随

用随配或贮于棕色瓶中避光保存，溶液发红时不能再用。

【实验步骤】

1. 浸种。

将种子用 30~35 ℃温水浸泡 5~8 h，或用凉水浸泡一昼夜至充分吸胀，以提高呼吸强度，使显色迅速。

2. 处理。

取吸胀小麦种子 100 粒（水稻种子应去壳，豆类种子需去皮），用刀片沿胚的中心线纵切为两半，其中一半置于培养皿中，加入 0.1% TTC 溶液，以浸没种子为度，置 30~35 ℃温箱中 0.5~1 h。

3. 结果观察。

倾出溶液，用自来水反复冲洗种子，观察胚部着色状况，凡是胚部显红色者为活种子，不显色或显色极淡者为死种子。

【注意事项】

1. TTC 溶液最好现配现用，如需储藏则应放入棕色瓶中，在阴凉黑暗处。

2. 染色结束后要立即进行鉴定，放久会褪色。

3. 无生活力的种子应具备的特征：胚全部或大部分不染色；胚根不染色部分不限于根尖；子叶不染色或丧失机能的组织超过 1/2；胚染成很淡的红色或淡灰红色；子叶与胚中轴的连接处或在胚根上有坏死的部分；胚根受伤以及发育不良的未成熟种子。此方法在判断种子是否为活种子时要注意染色情况有许多过渡类型，判断要点是观察胚根、胚芽、盾片中部等关键部位是否变成红色，凡这几部分变成红色的就是有生活力的种子，否则即为无生活力的种子。

二、溴麝香草酚蓝（BTB）法

【实验原理】

活细胞在呼吸过程中释放的 CO_2 溶于水变成 H_2CO_3，后者解离成 H^+ 与 HCO_3^-，使得活组织周围介质的酸度增加。溴麝香草酚蓝（BTB）是酸碱指示剂，变色范围为 pH 值 6.0~7.6，其颜色随 pH 值改变而改变，pH 值<7.1 时呈黄色，pH 值>7.1 时呈蓝色，中间经过绿色（变色点 pH 值为 7.1）。因此根据 BTB 颜色变化，可鉴定种子的生活力。此方法的结果易于观察，尤其适用于小粒种子。

【材料】

棉花、小麦、玉米等种子。

【仪器与用具】

恒温箱、天平、酒精灯、培养皿、烧杯、镊子、漏斗、滤纸。

【试剂】

0.1% BTB 溶液。称取 BTB 0.1 g 溶于煮沸过的自来水中（水应为微碱性，使溶液呈蓝色），滤去残渣。若溶液呈黄色，可加数滴氨水变为蓝色，装于棕色瓶中，盖紧塞子勿使 CO_2 进入，可长期贮存。

【实验步骤】

1. 浸种。

将待测的种子浸入清水中，置 30~35 ℃温箱中 5~8 h，或在室温中浸泡一昼夜，使其充分吸胀，最好使其接近萌动。

2. 制胶。

称取琼脂 1.5 g 剪碎放入装有 150 mL 0.1% BTB 溶液的烧杯中，酒精灯边加热边搅拌（避免琼脂结底），待琼脂全部溶解后趁热倒入培养皿中，使其成一均匀的薄层，厚度依种子大小，以能埋没种胚为度，一般控制在 5~8 mm。

3. 播种。

待冷却凝固后，取已充分吸胀的种子 10~20 粒（视培养皿大小，以种子之间能保持 5 mm 以上的间距为宜），用镊子将种子种胚朝下均匀插入凝胶中，将之置于 30~35 ℃温箱中，以便提高种子的呼吸速率。一般 40 min 可出结果。如果能延长保温时间至 2 h 以上，则结果更明显，更便于观察。

4. 结果观察。

从保温箱中取出培养皿，从底部对光观察，凡种子周围呈现黄绿色晕圈的即为活种子，否则为死种子。

【注意事项】

富含脂肪酸的油料种子（如大豆、棉花种子）不能采用此法鉴别种子死活。因为死种子的膜结构破坏，吸胀后脂肪酸外渗，能提高周围介质的酸度，也会使种子周围呈现出黄色晕圈，产生假象。煮死的种子由于细胞结构破坏，酸性细胞液外渗，同样会产生假象。

三、红墨水染色法

【实验原理】

植物生活细胞的原生质膜具有选择透性，使得某些染料分子不能透过，因而不能将具生活力的种胚染色；而死的种胚，其细胞膜结构破坏，通透性增大，于是染料分子便能透过膜进入细胞内而将无生活力的种胚染色。所以，根据种胚的染色情况就可鉴定种子生活力。本方法尤适用于大粒种子。

【材料】

小麦、玉米、棉花或豆类种子。

【仪器与用具】

培养皿、单面刀片、垫板、镊子、烧杯等。

【试剂】

稀释20倍的红墨水。

【实验步骤】

1. 浸种。

将新陈不同的种子分别用温水（30~35℃）浸泡5~8 h，或用凉水浸泡一昼夜，使其充分吸胀备用。无陈种子时，可将新种子放在沸水中煮5~10 min，作为对照种子。

2. 染色。

取已吸胀的种子100粒（豆类种子用镊子仔细剥去种皮），小麦种子用刀片沿胚部中线纵切为两半，玉米种子在阔面将胚纵切为两半，将其中的一半放入培养皿中（另一半做重复或留作TTC法测定种子生活力），加入稀释20倍的红墨水，以浸没种子为度，染色2~3 min，时间不宜长，否则影响结果判断。

3. 结果观察：到染色时间后，倾出红墨水，用自来水反复冲洗种子，直至洗液不具红色为止。对比观察种胚着色情况。凡是种胚部不着色者为生活力良好的种子，略带红色者为生活力较弱的种子，凡是胚部染成与胚乳相同深红色者为无生活力的种子。结果记录于表25-1。

【数据记录】

表25-1 种子生活力测定结果

有生命力的种子	小麦	玉米	棉花
BTB 法			
TTC 法			
红墨水法			

【结果计算】

BTB法：活种子（%）＝出现黄色晕圈的种子数/供试种子数×100

TTC法：活种子（%）＝胚部呈红色的种子数/供试种子数×100

红墨水法：活种子（%）＝胚不着色的种子数/供试种子数×100

式中：100 为转换为百分数。

【注意事项】

1. 种子经染色及反复冲洗后，若能在清水中继续浸泡数小时至一昼夜，会更易于观察，结果更准确。

2. 如测定种子数量较多，一时观察不完，应将已染色的样品放在湿润处，勿使其干燥以免影响观察；小粒种子染色后可加几滴乳酸苯酚溶液，10~30 min后再进行鉴定。

3. 植物种类不同，鉴定种子生活力时所用的试剂浓度和显色时间均不同。

【思考题】

1. 画出实验流程图。

2. TTC 法快速鉴定种子活力的实验操作中应注意什么？

3. 红墨水染色鉴定种子生活力与 TTC 法鉴定种子生活力有何不同？

4. 分析比较 3 种方法的优缺点。

实验 26　光质对种子萌发的影响

【实验目的】

了解光质与种子萌发的关系。

【实验原理】

莴苣或拟南芥种子属需光种子，自然光能促进其萌发，不同波长的光对其萌发的作用不同，660 nm 的红光促进萌发，而 730 nm 的远红光抑制萌发，且比黑暗处理有更强的抑制作用。在红光照射后再用远红光处理，可消除红光的作用，若用红光与远红光交替处理，则种子的萌发状态取决于最后一次照射光的波长。

【材料】

莴苣或拟南芥种子。

【仪器与用具】

红光、远红光光源装置：红光以红色荧光灯作为光源，经红光滤膜而获得；远红光以远红光荧光灯作为光源，经远红光滤膜而获得。镊子，培养皿，培养箱，滤纸。

【试剂】

蒸馏水。

【实验步骤】

1. 取直径 9 cm 的培养皿 6 套，每皿中放 3 张滤纸，加蒸馏水使其完全湿润。

2. 挑选新鲜、饱满的莴苣或拟南芥种子 180 粒。

3. 在暗室中绿色安全灯下，用镊子取暗中吸胀 5~6 h 的种子，每皿 30 粒。做如下处理（表 26-1）。

表 26-1　不同光质处理对种子萌发的影响

处理	种子萌发率/%
连续黑暗	
红光 5 min，然后黑暗处理	
远红光 5 min，然后黑暗处理	
红光 5 min，远红光 5 min，然后黑暗处理	
红光 5 min，远红光 5 min，红光 5 min，然后黑暗处理	
红光 5 min，远红光 5 min，红光 5 min，远红光 5 min，然后黑暗处理	

4. (22+1)℃ 培养 72 h 后（每天加入适量蒸馏水，保持湿润），统计种子萌发率（以根部有明显突起作为萌发标记）。

【数据记录】

将种子萌发率记录于表 26-1。

【结果分析】

比较暗处理和不同光质处理下种子萌发率的差异，分析其原因。

【注意事项】

实验开始时关闭其他光源。

【思考题】

1. 画出实验流程图。

2. 结合实验种子萌发与光质的关系，简单分析光敏色素对种子萌发的调控作用。

第九章　植物的生殖生理

实验 27　植物春化和光周期现象的观察

【实验目的】

了解低温（春化作用）和光周期对植物开花的影响。

一、春化现象的观察

【实验原理】

将冬性作物（如冬小麦）幼苗或萌动后的种子置于低温条件下处理一段时间后，再将其转入大田种植，在其生长过程中观察其生长锥的分化情况（以及观察植株拔节、抽穗情况），来确定是否已通过春化。结合不同低温以及处理时间的长短，还可确定植物冬性的强弱。

【材料】

冬小麦种子（最好用强冬性品种）。

【仪器与用具】

冰箱、解剖镜、镊子、解剖针、载玻片、培养皿。

【实验步骤】

1. 选取一定数量吸水萌动的冬小麦种子，置于培养皿内，放在 0~5 ℃的冰箱中进行春化处理。处理可分为播种前 50 d、40 d、30 d、20 d 和 10 d。

2. 于春季从冰箱中取出经不同天数处理的小麦种子和未经低温处理但使其萌动的种子，同时播种于花盆或实验地。

3. 麦苗生长期间，各处理进行同样肥水管理，随时观察植株生长情况。当春化处理天数最多的麦苗出现拔节时，在各处理中分别取一株麦苗，用解剖针剥出生长锥，并将其切下，放在载玻片上，加 1 滴水，然后在解剖镜下观察，并作简图（或者拍照）。比较不同处理的生长锥有何区别。

4. 继续观察植株生长情况，直到处理天数最多的麦株开花时。将观察情况记录于表 27-1。

【数据记录】

表 27-1　植物生长情况

品种名称：　　　　春化温度：　　　　播种时间：

观察时间	春化天数					
	50 d	40 d	30 d	20 d	10 d	对照（未春化）

【注意事项】

春化处理过程中，应注意适当通气，避免种子因缺氧窒息而影响萌发。

【思考题】

1. 画出实验流程图。

2. 春化处理天数多与处理天数少的冬小麦抽穗时间有无差别？为什么？

3. 春化作用的研究在农业生产中有何意义？请举例说明。

二、植物光周期现象的观察

【实验原理】

叶片是植物感受光周期影响的器官。以短日植物为材料，在自然光照条件下，给以短日照、间断白昼、间断黑夜等处理，可了解昼夜光和黑暗的交替及其长度对短日植物花芽分化或开花结实的影响，并可确定植物的光周期反应类型和通过光周期诱导的时间。

【材料】

大豆、水稻、菊花、苍耳等短日植物幼苗。

【仪器与用具】

黑罩（外面白色）或暗箱、暗柜或暗室、日光灯或红色灯泡（60～100 W）、光源定时开关自动控制装置。

【实验步骤】

将大豆、水稻、菊花、苍耳等短日植物培养在长日照条件下（每天日照时间在 18 h 以上），当大豆幼苗长出第 1 片复叶，或苍耳幼苗长出 5～6 片叶（夜温在 18～20 ℃以上）后，即按表 27-2 给以不同处理，一般情况下连续处理 10 d 后即可完成。

【数据记录】

表 27-2　各种日照处理方式及记录

处理	光周期	开花/不开花
短日照	每日照光 8 h（8:00 至 16:00）	
间断白昼	每日 11:30 至 14:30 移入暗处（或用黑罩布），间断白昼 3 h	
间断黑夜	在短日照处理基础上，0:00 至 1:00 照光 1 h，以间断黑夜	
对照	以自然光照条件为对照	

【注意事项】

用来进行黑暗处理的暗箱、暗室等装置的遮光效果一定要好，避免光进入。

【思考题】

1. 画出实验流程图。

2. 幼苗经不同处理后，花期有的较对照提前，有的与对照相当，应如何解释？

3. 根据植物光周期现象的原理，在引种工作中应注意哪些问题？

实验 28　花粉活力的测定

【实验目的】

掌握花粉活力快速测定的原理和方法。

一、萌发测定法

【实验原理】

正常的成熟花粉粒具有较强的活力，在适宜的培养条件下便能萌发和生长，在显微镜下可直接观察计算其萌发率，以确定其活力。

【材料】

丝瓜、南瓜或其他葫芦科植物刚开放或将要开放的成熟花朵。

【仪器与用具】

载玻片、显微镜、玻棒、恒温箱、培养皿、滤纸。

【试剂】

培养基：称 10 g 蔗糖、1 mg 硼酸、0.5 g 琼脂与 90 mL 水放入烧杯中，在 100 ℃水浴中熔化，冷却后加水至 100 mL 备用。

【实验步骤】

1. 将培养基熔化后，用玻棒蘸少许，涂布在载玻片上，放入垫有湿润滤纸的培养皿中，保湿备用。

2. 采集丝瓜、南瓜或其他葫芦科植物刚开放或将要开放的成熟花朵，将花粉撒播在涂有培养基的载玻片上，然后将载玻片放置于垫有湿滤纸的培养皿中，在 25 ℃左右的恒温箱（或室温 20 ℃条件下）中孵育，5~10 min 后在显微镜下检查 5 个视野，统计其萌发率。

【数据记录】

记录萌发率。

二、碘-碘化钾（I_2-KI）染色测定法

【实验原理】

多数植物正常的成熟花粉粒呈球形，积累较多的淀粉，I_2-KI 溶液可将其染成蓝色。发育不良的花粉常呈畸形，往往不含淀粉或积累淀粉较少，I_2-KI 溶液染色呈黄褐色。因此，可用 I_2-KI 溶液染色来测定花粉活力。

【材料】

水稻、小麦或玉米的成熟花药。

【仪器与用具】

显微镜，载玻片与盖玻片，镊子，棕色试剂瓶，烧杯，量筒，天平。

【试剂】

I_2-KI 溶液：取 2 g KI 溶于 5~10 mL 蒸馏水中，加入 1 g I_2，待完全溶解后，蒸馏水定容至 200 mL。贮于棕色瓶中备用。

【实验步骤】

采集水稻、小麦或玉米可育和不育植株的成熟花药，取一花药于载玻片上，加 1 滴蒸馏水，用镊子将花药捣碎，使花粉粒释放，再加 1~2 滴 I_2-KI 溶液，盖上盖玻片，在显微镜下观察。

凡是被染成蓝色的为含有淀粉的活力较强的花粉粒，呈黄褐色的为发育不良的花粉粒。观察 2~3 张片子，每片取 5 个视野，统计花粉的染色率，以染色率表示花粉的育性。

【数据记录】

记录染色率。

三、氯化三苯基四氮唑法（TTC 法）

【实验原理】

具有活力的花粉呼吸作用较强，可将无色的 TTC（2,3,5-氯化三苯基四氮唑）还原成红色的 TTF（三苯甲腙），而使其本身着色，无活力的花粉呼吸作用较弱，TTC 的颜色变化不明显，故可根据花粉吸收 TTC 后的颜色变化判断花粉的生活力。

【材料】

植物花粉。

【仪器与用具】

显微镜、载玻片与盖玻片、镊子、恒温箱、棕色试剂瓶、烧杯、量筒、天平。

【试剂】

0.5% TTC 溶液：称取 0.05 g TTC 放入烧杯中，加入少许 95% 酒精使其溶解，然后用蒸馏水稀释至 100 mL。

【实验步骤】

采集植物的花粉，取少许放在干净的载玻片上，加 1~2 滴 0.5% TTC 溶液，搅匀后盖上盖玻片，置 35 ℃ 恒温箱中，10~15 min 后置于低倍显微镜下观察，凡被染为红色的花粉活力强，淡红次之，无色者为没有活力或不育花粉。观察 2~3 张片子，每片取 5 个视野，统计花粉的染色率，以染色率表示花粉的活力百分率。

【数据记录】

记录染色率。

【注意事项】

1. 萌发测定法中不同种类植物的花粉萌发所需温度、蔗糖和硼酸浓度不同，应依植物种类而改变培养条件。

2. 碘-碘化钾染色测定法不能准确表示花粉的活力，也不适用于研究某一处理对花粉活力的影响。因为三核期退化的花粉已有淀粉积累，遇碘呈蓝色反应。另外，含有淀粉而被杀死的花粉粒遇 I_2-KI 也呈蓝色。

3. 不是所有植物的花粉都能在本实验介绍的培养基上萌发，本法适用于易于萌发的葫芦科等植物花粉活力的测定。其他植物花粉萌发培养基可查阅有关实验指导。

【思考题】

1. 画出实验流程图。

2. 上述每种方法是否适合于所有植物花粉活力的测定？

3. 比较上述 3 种方法，哪一种方法更能准确反映花粉的活力？

第十章 植物的成熟和衰老生理

实验 29 谷物种子蛋白质组分的分析

【实验目的】

掌握种子的蛋白质组分分析原理和方法。

【实验原理】

植物种子中蛋白质根据其溶解特性可划分为 4 种类型，即溶于水和稀盐溶液的清蛋白、不溶于水但溶于稀盐溶液的球蛋白、不溶于水但溶于 70%~80% 乙醇溶液的醇溶蛋白，以及不溶于水和醇但能溶于稀酸和稀碱溶液中的谷蛋白。根据蛋白质组分在不同溶剂中溶解度的差异，可按顺序用蒸馏水、稀盐、乙醇、稀碱分别提取清蛋白、球蛋白、醇溶蛋白和谷蛋白，分别收集提取液，再用凯氏定氮法或其他方法测定各蛋白质组分的含量。

【材料】

小麦面粉。

【仪器与用具】

天平、离心机、振荡器、250 mL 具塞磨口三角瓶。

【试剂】

1. 0.5 mol/L NaCl 溶液。

2. 0.1 mol/L KOH 溶液。

3. 70% 乙醇溶液。

【实验步骤】

1. 清蛋白的提取。

取 10 g 烘干的小麦面粉，放入 250 mL 具塞磨口三角瓶中，加 100 mL 蒸馏水于振荡器中，提取 2 h 后静置 0.5 h，4 000 r/min 离心 15 min，取其上清液，并将残液渣合并于原三角瓶中，再分别用 50 mL 和 30 mL 蒸馏水重复振荡提取，离心，合并上清液，剩余残渣合并于原三角瓶中。

2. 球蛋白的提取。

在原三角瓶中，加 100 mL 0.5 mol/L NaCl 溶液，放于振荡器上振荡提取 2 h 后静置 0.5 h，4 000 r/min 离心 15 min，取其上清液，并将残渣合并于原三角瓶中，再分别用 50 mL 和 30 mL 0.5 mol/L NaCl 重复振荡提取，离心，合并上清液，并将残渣合并于原三角瓶中。

3. 醇溶蛋白的提取。

在原三角瓶中，加 100 mL 70%乙醇溶液，放于振荡器上振荡提取 2 h 后静置 0.5 h，4 000 r/min 离心 15 min，取其上清液，将残渣合并于原三角瓶中，再分别用 50 mL 和 30 mL 70%乙醇重复振荡提取，离心，合并上清液，并将残渣合并于原三角瓶中。

4. 谷蛋白的提取。

在原三角瓶中，加 100 mL 70%乙醇溶液，放于振荡器上振荡提取 2 h 后静置 0.5 h，4 000 r/min 离心 15 min，取其上清液，将残渣合并于原三角瓶中，再分别用 50 mL 和 30 mL 0.1 mol/L KOH 重复振荡提取，离心，合并上清液。

5. 蛋白质组分含量的测定。

将上述提取液分别定容至 100 mL，然后各取 2 mL 分别移入消化瓶中，按凯氏定氮法进行蒸馏并测定。结果记录于表 29-1。

【数据记录】

表 29-1　各蛋白组分的含氮量（凯氏定氮法测得）

种类	清蛋白	球蛋白	醇溶蛋白	谷蛋白
含量				

【结果计算】

参照凯氏定氮法，用测定的含氮量再乘以 5.70 即为小麦面粉的粗蛋白质含量。

蛋白质含量=含氮量×5.70

【注意事项】

1. 若种子中含脂肪酸较多，需先用乙醚或石油醚浸泡 2~3 次，进行脱脂，并以分液漏斗分离之，多余的溶剂放在空气中挥发或烘干后再提取相应的蛋白质组分。

2. 70%乙醇、95%甲醇或 55%~60%异丙醇对醇溶蛋白的提取效果相同，可结合具体情况选择相应溶剂。

【思考题】

1. 画出实验流程图。

2. 分离蛋白质组分有何意义？

实验 30　种子粗脂肪含量的测定

【实验目的】

掌握脂肪含量测定的原理和方法。

【实验原理】

粗脂肪含量测定可以用油重法和残余法。

油重法适于测定油料作物种子和木本植物油质果实的粗脂肪含量。它用石油醚浸提待测样品的全部粗脂肪，再将石油醚蒸尽，称量剩下浸提物的质量，即可计算出粗脂肪含量。

残余法适于测定谷物、油料作物种子的粗脂肪含量。它是将待测样品脱水、称取质量后，用石油醚（或其他有机溶剂）使样品中粗脂肪物质全部浸提出来。残渣中的石油醚挥发之后，烘干至恒定质量，根据两次质量之差即可得出样品中的粗脂肪含量。本实验用残余法测定。

【材料】

油料作物种子。

【仪器与用具】

索氏脂肪提取器（或 YG-II 型油分测定器）、水浴锅、烘箱、分析天平、研钵、脱脂滤纸、石油醚。

【实验步骤】

1. 预处理。

取少量待测油料种子，在研钵内碾细，以使整个研钵内黏附有脂肪，然后将研碎的种子倾去。

2. 研粉。

取 $1\sim2$ g 待测的油料种子，在研钵内碾细，然后将研细的样品转到事先称好质量（m_1）的脱脂滤纸中（滤纸事先已烘干），严密地包好。为了避免浸提时漏出残渣，所用滤纸应适当大一些。

3. 干燥。

包好的样品放入样盒中，在 105 ℃烘 2 h 后，放至干燥器中，冷至室温时称取质量（m_2）（精确到 0.000 1 g）。

4. 投放。

将称取质量后的样品包放在索氏提取器或 YG-II 型油分测定器的中节内，在提取器的承受瓶中，加入约 1/2 体积的石油醚，然后将承受瓶中节（抽提筒）和冷凝管连接起来，并使冷凝管与水流相连，置于水浴上（图 30-1）。

5. 抽提。

打开电源开关，使水浴温度上升，并打开冷凝管相连的水龙头，承受瓶中石

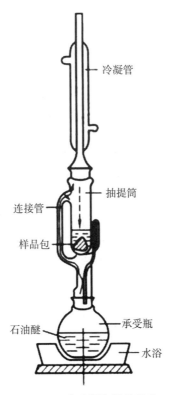

图 30-1 索氏提取器的构造

油醚（沸点为 35 ℃）受热蒸发，经冷凝管处又冷凝成液体，回滴到中节内浸泡样品，到一定量后，因虹吸原理又流回到承受瓶，如此周而复始地抽提 8～10 h，可将样品中的脂肪全部抽提干净。水浴的温度控制在 40 ℃左右，这样可使石油醚每小时回流 6～8 次。若用 YG-Ⅱ型油分测定器，温度控制在 70 ℃，6～8 h 可提取完毕。

6. 烘干。

8～10 h 抽提后，取出样品包，让石油醚全部挥发后，放在 105 ℃烘箱内烘干，取出，放至干燥器内冷却之后，再用分析天平称取质量（m_3）直至恒重。结果记录于表 30-1。

【数据记录】

表 30-1 种子粗脂肪含量测定记录

样品名称	滤纸质量 m_1	样品包质量 m_2	提取后样品包质量 m_3	粗脂肪质量	粗脂肪含量/%

【结果计算】

按下列公式计算样品中粗脂肪含量并将实验结果记录于表30-1。

$$粗脂肪含量（\%）= \frac{粗脂肪质量}{样品干重} \times 100 = \frac{m_2 - m_3}{m_2 - m_1} \times 100$$

式中：m_1 为滤纸质量（g）；m_2 为提取前样品包质量（g）；m_3 为提取并烘干后样品包质量（g）。

【注意事项】

1. 乙醚浸泡过的样品包在烘干之前须在通风橱中让乙醚彻底挥发干净。

2. 试样粉末粗细度要适宜。过粗，脂肪抽提不干净；过细，则可能透过滤纸孔隙随回流溶剂流失，影响测定结果。

3. 不同材料的粗脂肪含量差异很大，为保证测定结果的准确性，样品质量应根据其含油量而定。当脂肪含量在10%以下，称样量应在5~10 g；对于脂肪含量高达50%~60%的材料，称样量宜在1~4 g。

【思考题】

1. 画出实验流程图。

2. 油重法和残余法测定种子脂肪含量的原理是什么？测定结果为何是粗脂肪含量？

实验 31　油菜籽中硫代葡糖苷总量的测定

【实验目的】

硫代葡糖苷（thioglucoside，简称硫苷）是广泛存在于十字花科植物中的一种含硫化合物，在硫苷酶的作用下会分解产生剧毒物质，是影响油菜籽综合利用的重要限制因素。因此要掌握硫苷含量测定的原理和方法。

一、内源酶法

【实验原理】

油菜籽中含有硫苷酶，当油菜籽被破碎后，细胞内所含的硫苷酶将硫苷水解后释放出葡萄糖，然后用 3,5-二硝基水杨酸（DNS）法测定葡萄糖的产生量，经换算即可得到硫苷的总量。油菜籽中原有的还原糖会干扰测定，可通过对照实验加以消除。

【材料】

干燥的油菜种子。

【仪器与用具】

天平、研钵、离心机、玻璃棒、25 mL 容量瓶、移液管、水浴锅、25 mL 具塞刻度试管、分光光度计、25 mL 加液器等。

【试剂】

1. DNS 试剂。

（1）甲液：称取 6.9 g 结晶酚溶于 15.2 mL 10 g/100 mL NaOH 中，用蒸馏水稀释至 69 mL，再加入 6.9 g $NaHSO_3$。

（2）乙液：称取 255 g 酒石酸钾钠，加到 300 mL 10% NaOH 中，然后加入 880 mL 1% 3,5-二硝基水杨酸。

将甲、乙液混合后贮于棕色试剂瓶中，室温下放置一周后使用。

2. 40%酸化甲醇：取 400 mL 甲醇加入 500 mL 蒸馏水中，冷却后加入 5 mL 冰乙酸，定容至 1 000 mL。

3. 标准葡萄糖溶液：将分析纯葡萄糖于 105 ℃ 下烘干至恒重，然后用蒸馏水配制浓度为 0 μmol/mL、0.5 μmol/mL、1.0 μmol/mL、5.0 μmol/mL 的标准葡萄糖溶液。

【实验步骤】

1. 葡萄糖标准曲线的制作。

分别取上述标准溶液 2 mL 至 25 mL 具塞刻度试管中，再分别加入 1.5 mL DNS 试剂，然后于沸水浴中准确加热 5 min，立即冷水冷却，加水定容至 25 mL，于 540 nm 下测定吸光度，以葡萄糖浓度为横坐标、以对应的吸光度为纵坐标绘制标准曲线。

2. 硫苷总量的测定。

（1）称取 1 g 样品 2 份至 2 个研钵中，第 1 份加水 2 mL，第 2 份加 40% 的酸化甲醇 2 mL（作对照），快速研磨、匀浆。静置 20 min 后，各加入 40% 的酸化甲醇至 20 mL 以终止反应，摇匀，4 000 r/min 下离心 15 min，得上清液，备用。

（2）分别取上清液 1 mL 于 25 mL 具塞刻度试管中，再分别加入 1.5 mL DNS 试剂，然后于沸水浴中准确加热 5 min，立即冷水冷却，加水定容至 25 mL，摇匀后于 540 nm 下测定吸光度，根据标准曲线查出测定液中葡萄糖的量，测定数据记录于表 31-1。

【数据记录】

表 31-1　硫苷含量测定记录

样品质量 m	A_{540}	从标准曲线查出的测定液中葡萄糖含量 C	样品提取液总体积 V

【结果计算】

$$样品硫苷的含量（\mu mol/g）= \frac{C \times V}{m}$$

式中：C 为从标准曲线查出的测定液中葡萄糖含量（$\mu mol/mL$）；V 为样品提取液总体积（mL）；m 为样品质量（g）。

【注意事项】

1. 利用内源酶法进行硫苷总量分析时，一般应先对内源硫苷酶的水解速度进行测定。可按如下步骤进行。

2. 取 2 份样品，每份 1 g，第 1 份加水 25 mL，第 2 份加 25 mL 40% 的酸化甲醇，快速研磨、匀浆。静置 10 min，1 000 r/min 下离心 15 min。分别取上清液 1 mL 测定释放的葡萄糖量。每间隔 5 min 测定一次，直至 30 min 时结束。根据水解时间与释放的葡萄糖量之间的关系，确定硫苷完全水解所需的适宜时间后，方可进行批量样品的测定。

二、葡萄糖试纸法

【实验原理】

将油料种子经破碎后，加入适量的水，种子中释放的硫苷酶便可促使硫苷水解。每分子的硫苷经水解后产生一分子的葡萄糖，用葡萄糖试纸便可快速检测水解液中葡萄糖的含量，根据葡萄糖与硫苷的定量关系，便可知待测样品中硫苷总量的高低。

【材料】

油料种子（高硫苷、低硫苷品种）。

【仪器与用具】

点滴板、玻璃棒、1 mL 移液管、滴管。

【试剂】

蒸馏水、葡萄糖试纸。

【实验步骤】

分别取高硫苷、低硫苷油菜种子 5~10 粒放入点滴板中，用玻璃棒捣碎后，各加入 0.5 mL（或用滴管各加入 3~5 滴）蒸馏水、搅匀，静置 3~4 min 后，将葡萄糖试纸浸入被测液中，30 s 后（当葡萄糖试纸的灵敏度较低时，适当延长反应时间）将试纸取出并与标准色阶进行比较。

【数据记录】

观察试纸变色深浅，对照色卡进行判断、记录。

【结果分析】

比较不同油料种子中硫苷含量的高低。

【注意事项】

1. 硫苷酶在高温下易钝化失活，凡经过高温处理的油菜种子不宜采用此两种方法进行硫苷总量的分析。

2. 一般情况下，硫苷的水解大约需要 3 min，所以测定应在加水 3 min 后进行。

【思考题】

1. 画出实验流程图。

2. 硫苷总量的测定有何意义？

第十一章　植物的逆境生理

实验 32　游离脯氨酸含量的测定

【实验目的】

掌握游离脯氨酸含量测定的原理和方法，了解其测定的生理学意义。

【实验原理】

采用磺基水杨酸提取植物体内的脯氨酸，在酸性条件下，溶解于磺基水杨酸中的游离脯氨酸可与茚三酮发生反应，生成稳定的红色缩合物，用甲苯萃取，则色素全部转移至甲苯中，在波长 520 nm 处有最大吸收峰，其吸光度与脯氨酸含量成正比。因此可以比色法测定脯氨酸含量。

【材料】

盐培和水培的小麦幼苗，或是经不同温度处理的植物。

【仪器与用具】

天平、分光光度计、培养箱、水浴锅、具塞试管、移液管、长胶头滴管、剪刀、橡皮筋等。

【试剂】

1. 3%磺基水杨酸水溶液：称取 3 g 磺基水杨酸加蒸馏水溶解后定容至 100 mL。

2. 2.5%酸性茚三酮显色液：将 1.25 g 茚三酮溶于 30 mL 冰醋酸和 20 mL 6 mol/L H_3PO_4 中，搅拌加热（70 ℃）溶解，冷却后装入棕色瓶内贮于 4 ℃ 冰箱中，24 h 内稳定，现用现配。

3. 脯氨酸标准溶液：称脯氨酸 25 mg，蒸馏水溶解后定容至 250 mL，其浓度为 100 μg/mL，取此液 10 mL 用蒸馏水稀释至 100 mL，即成 10 μg/mL 的脯氨酸标准液。

4. 其他：冰乙酸及甲苯。

【实验步骤】

1. 标准曲线制作。

（1）取 7 支具塞刻度试管，按表 32-1 加入各试剂，混匀后加塞，沸水浴 30 min。

（2）取出冷却，每管各加 5 mL 甲苯，盖塞充分振荡，以萃取红色物质，静置。待分层后小心吸取甲苯层液体于比色皿中，以甲苯为参比液调零，520 nm

波长下比色读取 A_{520}。

（3）以吸光度为纵坐标，脯氨酸的量为横坐标，绘制标准曲线。

表 32-1 脯氨酸标准曲线各试管中加入试剂量

试剂	试管编号						
	0	1	2	3	4	5	6
10 μg/mL 标准脯氨酸量/mL	0	0.2	0.4	0.8	1.2	1.6	2.0
H_2O/mL	2.0	1.8	1.6	1.2	0.8	0.4	0
冰乙酸/mL	2.0	2.0	2.0	2.0	2.0	2.0	2.0
酸性茚三酮显色液/mL	3.0	3.0	3.0	3.0	3.0	3.0	3.0
每管脯氨酸含量/μg	0	2	4	8	12	16	20

2. 样品测定。

（1）游离脯氨酸的提取：取对照及不同处理的小麦叶片剪成 1 cm 长的小段，混匀称取 0.2~0.5 g（干样或经逆境胁迫处理的样品称样量酌情减少），分别置于大试管中，加入 5 mL 3%磺基水杨酸溶液，加塞盖紧于沸水浴中浸提 10 min。

（2）显色反应：取出试管待冷却至室温后，吸取上清液 2 mL，加 2 mL 冰乙酸和 3 mL 显色液，摇匀，加塞盖紧于沸水浴中加热 30 min。

（3）萃取、比色：取出冷却后向各管加入 5 mL 甲苯充分振荡，以萃取红色物质。静置待分层后，用长胶头吸管小心吸取甲苯层红色液体到比色皿中，以甲苯为参比液调零，测定 520 nm 波长下的吸光度值 A_{520}（表 32-2）。

【数据记录】

表 32-2 实验结果记录

样品质量 W	A_{520}	提取液总体积 V_T	测定时吸取样品液的体积 V_1	稀释倍数 N	由标准曲线求得的脯氨酸量 C

【结果计算】

查标准曲线得到脯氨酸浓度 C（μg），按下式计算样品中脯氨酸的含量。

$$游离脯氨酸含量 [μg/g（FW 或 DW）] = \frac{C \times V_T \times N}{W \times V_1}$$

$$或游离脯氨酸含量（\%） = \frac{C \times V_T \times N}{W \times V_1 \times 10^6} \times 100$$

式中：C 为由标准曲线求得的脯氨酸的量（μg）；V_T 为提取液总体积

（mL）；V_1 为测定时吸取样品液体积（mL）；N 为稀释倍数；W 为样品质量（g）；10^6 为 1 g＝10^6 μg；100 为转换为百分数。

【注意事项】

1. 配制的酸性茚三酮溶液仅在 24 h 内稳定，因此最好现配现用；试剂添加次序不能出错。

2. 样品测定时若气温较低，萃取物分层不清晰，可将试管置于 40 ℃左右的水浴中快速测定，或静置后测定。

3. 样品若进行过渗透胁迫处理游离脯氨酸含量较高，所测样品用量宜少，否则会增加甲苯的用量。

4. 甲苯有毒，用后要小心回收至废液瓶。

5. 由于甲苯与水互不相溶，所以比色皿忌用水清洗，且只能吸取红色甲苯层溶液比色。

【思考题】

1. 画出实验流程图。

2. 测定植物体内游离脯氨酸含量有何意义？

3. 当改变萃取剂时，比色应做哪些改变？如何选择最适波长及最佳萃取剂？

实验 33 植物组织中丙二醛含量的测定

【实验目的】

掌握植物组织中丙二醛（MDA）含量测定的实验原理和方法，了解 MDA 测定的生理学意义。

【实验原理】

MDA 在高温、酸性条件下与硫代巴比妥酸（TBA）反应，形成的有色三甲基复合物（3,5,5-三甲基噁唑-2,4-二酮），在 532 nm 波长处有最大光吸收，并且在 600 nm 波长处有最小光吸收。但是，测定植物组织中 MDA 时受多种物质的干扰，其中最主要的是可溶性糖，糖与 TBA 显色反应产物的最大吸收波长在 450 nm，但在 532 nm 处也有吸收。为消除这种干扰，可用经验公式 $C = 6.45 \times (A_{532} - A_{600}) - 0.56 \times A_{450}$ 计算比色液中 MDA 的浓度，进一步计算出其在植物组织中的含量。

2 TBA + MDA $\xrightarrow{100℃}$ 3,5,5-三甲基噁唑-2,4-二酮

植物遭受干旱、高温、低温等逆境胁迫时可溶性糖增加，因此测定植物组织中 MDA-TBA 反应物质含量时一定要排除可溶性糖的干扰。低浓度的铁离子能够显著增加 TBA 与蔗糖或 MDA 显色反应物在 532 nm、450 nm 处的吸光度值，所以在蔗糖、MDA 与 TBA 显色反应中需一定量的铁离子，通常植物组织中铁离子的含量为 100~300 μg/g DW。根据植物样品量和提取液的体积，加入 Fe^{3+} 的终浓度为 0.5 μmol/L。

1. 直线回归法。

MDA 与 TBA 显色反应产物在 450 nm 波长下的吸光度值为零。不同浓度的蔗糖（0~25 mmol/L）与 TBA 显色反应产物在 450 nm 的吸光度值与 532 nm 和 600 nm 处的吸光度值之差成正相关，配制一系列浓度的蔗糖与 TBA 显色反应后，测定上述 3 个波长的光密度值，求其直线方程，可求算糖分在 532 nm 处的吸光度值。UV-120 型紫外可见分光光度计的直线方程如下。

$$Y_{532} = -0.001\ 98 + 0.088 A_{450} \qquad ①$$

样品显色后测定 450 nm、532 nm 和 600 nm 的吸光度，根据方程①求出该样品中糖分在 532 nm 处的吸光度值 Y_{532}，用实测的 532 nm 和 600 nm 的吸光度值之

差再减去 Y_{532}，即可得 MDA-TBA 反应产物在 532 nm 处的吸光度值，用该值进一步计算植物样品中的 MDA 含量。

2. 双组分分光光度计法。

根据朗伯-比尔定律：$A=kCL$，当液层厚度为 1 cm 时，$k=A/C$，k 称为该物质的比吸收系数；L 为吸收层厚度。当某一溶液中有数种吸光物质时，某一波长下的吸光度 A 值等于此混合液在该波长下各显色物质的吸光度之和。

已知蔗糖与 TBA 显色反应产物在 450 nm 和 532 nm 波长下的比吸收系数分别为 85.40、7.40。MDA 在 450 nm 波长下无吸收，故该波长的比吸收系数为 0，532 nm 波长下的比吸收系数为 155，根据双组分分光光度计法建立方程组，求解方程得计算公式如下。

$$C_1 \ (\text{mmol/L}) = 11.71 A_{450} \qquad ②$$
$$C_2 \ (\mu\text{mol/L}) = 6.45 \ (A_{532}-A_{600}) \ -0.56 \ A_{450} \qquad ③$$

式中：C_1 为可溶性糖的浓度；C_2 为 MDA 的浓度；A_{450}、A_{532}、A_{600} 分别代表 450 nm、532 nm 和 600 nm 波长下吸光度值。

【材料】

受干旱、高温、低温等逆境胁迫的植物叶片或衰老的植物组织。

【仪器与用具】

分光光度计、冷冻离心机、天平、恒温水浴锅、可调加样器、研钵、试管、剪刀等。

【试剂】

1. 10% 三氯乙酸（TCA）。

2. 0.67% （m/V）硫代巴比妥酸（TBA）：称取 TBA 0.67 g，先加少量的 1 mol/L NaOH 溶液溶解，再用 10% 的 TCA 定容至 100 mL。

【实验步骤】

1. MDA 提取。

称取 1.0 g 植物样品（叶、根），加少量石英砂和 2 mL 10% 的 TCA，研磨至匀浆，再加 8 mL 10% 的 TCA 进一步研磨，匀浆 4 000 r/min 离心 10 min，上清液为样品提取液。

2. 显色反应和测定。

取提取液 2 mL（对照加 2 mL 蒸馏水），加 2 mL 0.67% TBA，沸水浴中反应 15 min，迅速冷却后再 4 000 r/min 离心 10 min。取上清液测定 450 nm、532 nm 和 600 nm 处的吸光度值，并按公式算出 MDA 浓度，再算出单位鲜重组织中 MDA 含量（μmol/g）。结果记录于表 33-1。

【数据记录】

表 33-1　实验结果记录

样品质量 W	A_{450}	A_{532}	A_{600}	C_{MDA}	提取液体积 V_T	待测液中加入提取液体积 V_1	待测液总体积 V_2

【结果计算】

$$C_{MDA}\ (\mu mol/L) = 6.45\ (A_{532} - A_{600}) - 0.56\, A_{450}$$

根据植物组织质量计算测定样品中 MDA 的含量：

$$MDA\ 含量\ (\mu mol/g\ Fw) = \frac{C_{MDA} \times V_T \times V_2}{W \times V_1 \times 10^3}$$

式中：C_{MDA} 为 MDA 浓度（$\mu mol/L$）；W 为样品鲜重（g）；V_T 为提取液体积（mL）；V_1 为待测液总体积（mL）；V_2 为待测液中加入提取液体积（mL）；10^3 为 1 L = 10^3 mL。

【注意事项】

1. 可溶性糖与 TBA 显色反应的产物在 532 nm 也有吸收（最大吸收在 450 nm），当植物处于干旱、高温、低温等逆境时可溶性糖含量会增高，必要时要排除可溶性糖的干扰。

2. 低浓度的 Fe^{3+} 能增强 MDA 与 TBA 的显色反应，当植物组织中的 Fe^{3+} 浓度过低时应补充 Fe^{3+}（最终浓度为 0.5 nmol/L）。

3. 如待测液浑浊可适当增加离心力及时间，最好使用低温离心机离心。

【思考题】

1. 画出实验流程图。

2. 哪些因素会影响 MDA 含量的测定结果？

3. 第二次离心起什么作用？

实验 34　植物细胞膜透性的测定

【实验目的】

掌握电导仪测定植物细胞膜透性的原理和方法，了解其测定的生理学意义。

【实验原理】

电解质溶液的导电能力与溶液中的电解质浓度呈正相关。当植物组织受到逆境伤害时，由于膜的功能受损或结构破坏，而透性增大，引起细胞内的电解质发生不同程度的外渗。用去离子水浸泡经不同处理的植物组织，浸泡液的电导度将因电解质的外渗而加大，伤害愈重，外渗愈多，电导度的增加也愈大。据此，可用电导仪测定浸泡液的电导度，根据电导度的增加而得知细胞受损程度。

【材料】

各种植物的叶片、块根、块茎及形成层、韧皮部等组织。

【仪器与用具】

电导仪、天平、打孔器、真空泵、真空干燥器、冰箱、恒温水浴或温箱、电炉、剪刀、试管、移液管、小烧杯、玻璃棒、打孔器、滤纸等。

【试剂】

去离子水。

【实验步骤】

1. 用具清洗。

由于电导变化极为敏感，因此所用器具必须干净，先用去污粉（或洗液）洗涤，再用自来水和去离子水冲洗，然后倒置于垫有滤纸的干净瓷盘中，用纱布盖好。

2. 材料准备。

根据测定需要量，剪取相同叶龄、相同叶位、长势一致的叶片（或其他器官），用湿纱布包好带回室内。试材先用自来水再用去离子水冲洗，后用滤纸吸干外附水分，置于洁净的瓷盘内。

3. 材料处理。

取 4 支试管（如需做重复则增加其倍数），编号。用打孔器打取叶片（避开粗大叶脉），每管放入 10 个小圆片（若因叶小不能打孔或采用其他组织时，则可用天平称重，每管放入 $0.1 \sim 0.2$ g）。然后，将①号管放入 0 ℃以下的冰箱；②号管放入 $45 \sim 50$ ℃的恒温箱或水浴中；③号管置室温下作为对照，各处理 $20 \sim 30$ min。

4. 测本底值。

上述处理完毕，将④号管中迅速加入 10 mL 无离子水，摇晃后立即测其电导率值并记录，作为本底值。此为去离子水中残留的电解质（电导度为 0 的去离子水很难获得）及材料边缘破损细胞渗出电解质造成的电导度。

5. 抽气。

将①、②、③号试管取出，各加入去离子水 10 mL，置真空干燥器中抽气 10 min，以抽出细胞间隙空气。缓慢放入空气，水即渗入细胞间隙，叶片变成透明状，细胞内溶质易于渗出。

6. 平衡。

抽气后的各处理于室温下放置 20～30 min，期间不时摇动，促使电解质外渗。若用于指导生产有实际意义的测定，平衡时间应在 1 h 以上。

7. 测初值。

平衡后分别测定各处理的电导率值并记录，作为初值。

8. 测终值。

测定完初值后，将各处理试管用塑料薄膜封口，沸水浴 10 min 杀死细胞，彻底破坏质膜，然后用自来水冷却至室温，再放置 20 min，摇匀，分别测其电导值并记录（表 34-1），作为终值。

【数据记录】

表 34-1　实验结果记录

样品质量 W	样品浸出液电导率值 K_1	本底值 K_2	样品浸提液体积 V

【结果计算】

电解质外渗率有 3 种表示方法。

1. 外渗电导率值。

直接用电导率值表示，可用于不同样品，或同一样品不同处理间比较。

$$电解质外渗率 \left[(\mu S/cm) / (g \cdot mL) \right] = \frac{K_1 - K_2}{V \times W}$$

式中：K_1 为样品浸出液电导率值（初值，$\mu S/cm$）；K_2 为本底值（$\mu S/cm$）；V 为样品浸提液体积（mL）；W 为样品质量（g）。

2. 电解质相对渗出率。

采用相对值表示，是为了消除测定中各种误差，并便于比较。可以采用以下 3 种表示方法。

（1）电解质渗出率（%）：可表示经逆境处理样品的电解质渗出率占组织全部电解质的百分数。

$$电解质渗出率（\%）= \frac{处理初值-本底值}{同处理终值-本底值} \times 100$$

（2）电解质相对渗出率（%）：表示的是经逆境处理的电导率值占对照电导率值的百分数。

$$电解质相对渗出率（\%）= \frac{处理初值-本底值}{对照初值-本底值} \times 100$$

（3）伤害率（%）：表示的是与对照相比，处理受伤害的程度。

$$伤害率（\%）= \frac{处理初值-对照值}{对照初值-对照值} \times 100$$

3. 电解质绝对渗出量。

指每克植物材料经逆境处理后渗出电解质的毫克数。这种表示法需要先做出标准曲线。配制 0~100 μg/mL 的 NaCl 标准液，于 20~25 ℃ 恒温下测出系列电导率值，以 NaCl 浓度（mg/mL）为横坐标，以电导率（μS/cm）为纵坐标，绘制标准曲线。

$$电解质渗出量（mg/g）= \frac{A \times V}{W}$$

式中：A 为在标准曲线上查得的电解质量（μg/mL）；V 为样品浸提液体积（mL）；W 为样品质量（g）。

【注意事项】

1. 各处理的取材要尽量一致。

2. 本实验对反应条件十分敏感，对条件的控制必须十分严格。操作过程要严格避免污染。同组不同处理的用水应取自同一容器。

3. 如在冬季做此实验，材料可取温室植物，如取自然状态下的植物，则低温处理的温度应低于室外最低温 10 ℃，否则难以出现预期结果。

【思考题】

1. 画出实验流程图。

2. 电导法测膜透性的原理是什么？实验中为什么要抽真空？

3. 抗逆性强的植物材料外渗液中的电导率值是高还是低，为什么？

实验 35　植物保护酶（CAT、POD、SOD）活性的测定

Ⅰ 过氧化氢酶（CAT）活性的测定

【实验目的】

掌握过氧化氢酶活性测定的方法、原理及操作技术。

一、高锰酸钾滴定法

【实验原理】

过氧化氢酶属于血红蛋白酶，含有铁，它能催化过氧化氢（H_2O_2）分解为水（H_2O）和分子氧（O_2），因此，可根据 H_2O_2 的消耗量或 O_2 的生成量测定该酶活力大小。

在反应系统中加入一定量（反应过量）的 H_2O_2 溶液，经酶促反应后，用标准 $KMnO_4$ 溶液（在酸性条件下）滴定多余的 H_2O_2，即可求出消耗的 H_2O_2 的量。

$$5 H_2O_2 + 2 KMnO_4 + 4 H_2SO_4 \rightarrow 5 O_2 \uparrow + 2 KHSO_4 + 8 H_2O + 2 MnSO_4$$

【材料】

小麦或其他植物叶片。

【仪器与用具】

天平、恒温水浴（或恒温培养箱）、离心机、研钵、漏斗、玻棒、移液管、三角瓶、酸式滴定管、容量瓶等。

【试剂】

1. 10% H_2SO_4。

2. 0.2 mol/L pH 值 7.8 磷酸缓冲液：见附录。

3. 0.02 mol/L $KMnO_4$ 标准液：称取 $KMnO_4$（AR）3.160 5 g，用新煮沸冷却蒸馏水配制成 1 000 mL，再用 0.1 mol/L 草酸溶液标定。

4. 0.1 mol/L H_2O_2：市售 30% H_2O_2 大约等于 17.6 mol/L，取 30% H_2O_2 溶液 5.68 mL，稀释至 1 000 mL，用标准 0.1 mol/L $KMnO_4$ 溶液（在酸性条件下）进行标定。

5. 0.1 mol/L 草酸：称取优级纯 $H_2C_2O_4 \cdot 2H_2O$ 12.607 g，蒸馏水溶解后定容至 1 000 mL。

【实验步骤】

1. 酶液提取。

称取小麦叶片 1~2 g，加入 pH 值 7.8 的磷酸缓冲溶液和少量石英砂，研磨成匀浆，转移至 25 mL 容量瓶中，用该缓冲液冲洗研钵，合并冲洗液至容量

瓶中，并定容至刻度，4 000 r/min 离心 15 min，上清液即为过氧化氢酶的粗提液。

2. 酶活性测定。

取 50 mL 三角瓶 4 个（2 个测定，2 个对照），测定瓶加入酶液 2.5 mL，对照瓶加煮死酶液 2.5 mL（或蒸馏水），再加入 2.5 mL 0.1 mol/L H_2O_2，同时计时，于 37 ℃ 保温 10 min，立即加入 10% H_2SO_4 5 mL。用 0.1 mol/L $KMnO_4$ 标准溶液滴定，至出现粉红色（在 30 s 内不消失）即为终点。结果记录于表 35-1。

【数据记录】

表 35-1　CAT 活性测定实验结果记录 I

样品质量 W	对照 $KMnO_4$ 滴定值 A	酶反应后 $KMnO_4$ 滴定值 B	提取酶液总量 V_T	反应时所用酶液量 V_S	反应时间 t

【结果计算】

过氧化氢酶活性每克鲜质量样品 1 min 内分解的 H_2O_2 的毫克数表示：

$$\text{过氧化氢酶活性}\ [\text{mg}/(\text{g}\cdot\text{min})] = \frac{(A - B) \times \dfrac{V_T}{V_S} \times 1.7}{W \times t}$$

式中：A 为对照 $KMnO_4$ 滴定值（mL）；B 为酶反应后 $KMnO_4$ 滴定值（mL）；V_T 为提取酶液总量（mL）；V_S 为反应时所用酶液量（mL）；W 为样品鲜重（g）；t 为反应时间（min）；1.7 为转换系数，表示 1 mL 0.1 mol/L $KMnO_4$ 相当于 1.7 mg H_2O_2。

【注意事项】

所用 $KMnO_4$ 溶液及 H_2O_2 溶液临用前要重新标定。

【思考题】

1. 画出实验流程图。

2. 影响过氧化氢酶活性测定的因素有哪些？

二、紫外吸收法

【实验原理】

H_2O_2 在 240 nm 波长下有强吸收，过氧化氢酶能分解 H_2O_2，使反应溶液吸光度（A_{240}）随反应时间而降低。根据测量吸光率的变化速度即可测出过氧化氢酶的活性。

【材料】

小麦叶片或其他植物组织。

【仪器与用具】

天平、紫外可见分光光度计、离心机、水浴锅、研钵、容量瓶、移液管、试管、剪刀、离心管等。

【试剂】

1. 0.2 mol/L pH 值 7.8 磷酸缓冲液（内含 1% 聚乙烯吡咯烷酮）：见附录。

2. 0.1 mol/L H_2O_2：市售 30% H_2O_2 约等于 17.6 mol/L，取 30% H_2O_2 溶液 5.68 mL，稀释至 1 000 mL，使用前用标准 0.1 mol/L $KMnO_4$ 溶液（酸性条件下）进行标定。

【实验步骤】

1. 酶液提取。

称取新鲜小麦叶片 0.5 g，置研钵中，加入 2~3 mL 4 ℃下预冷的 pH 值 7.0 磷酸缓冲液和少量石英砂研磨成匀浆后，转入 25 mL 容量瓶中，用该缓冲液冲洗研钵数次，合并冲洗液至容量瓶中，并定容至刻度。混合均匀，将容量瓶置 5 ℃冰箱中静置 10 min，取上部澄清液 4 000 r/min 离心 15 min，上清液即为过氧化氢酶粗提液，5 ℃下保存备用。

2. 酶活性测定。

取 3 支试管，各加 pH 值 7.8 磷酸缓冲液 1.5 mL 和蒸馏水 1.0 mL（表 35-2），其中 2 支样品测定管中加酶液 0.2 mL，另外 1 支为空白管（加煮死酶液或蒸馏水 0.2 mL），摇匀。25 ℃预热后，逐管加入 0.3 mL 0.1 mol/L H_2O_2，每加完 1 管立即计时，并迅速倒入石英比色杯中，240 nm 下测定吸光度 A_{240}，每隔 1 min 读数 1 次，共测 4 min，待 3 支样品管全部测定完后，计算酶活性（结果取平均值）。结果记录于表 35-3。

表 35-2　CAT 活性测定所加试剂用量

试剂（酶）	管号		
	0	1	2
粗酶液/mL	0.2	0.2	0.2
pH 值 7.8 磷酸缓冲液/mL	1.5	1.5	1.5
蒸馏水/mL	1.0	1.0	1.0

【数据记录】

表 35-3　CAT 活性测定实验结果记录 II

样品质量 W	测定管与对照管吸光度值之差 ΔA_{240}	提取酶液总量 V_T	测定用酶液量 V_S	反应时间 t

【结果计算】

过氧化氢酶活力单位（U）定义为 1 g 鲜样 1 min 内 A_{240} 减少 0.1 所需的酶量。

$$过氧化氢酶活性 [U/(g \cdot min)] = \frac{\Delta A_{240} \times V_T}{0.1 \times V_S \times W \times t}$$

式中：ΔA_{240} 为测定管与对照管吸光度值之差；V_T 为粗酶提取液总体积（mL）；V_S 为测定用粗酶液体积（mL）；0.1 为 A_{240} 每分钟减少 0.1 为 1 个酶活力单位（U）；t 为加 H_2O_2 到最后一次读数时间（min）；W 为样品鲜重（g）。

【注意事项】

凡在 240 nm 下有强吸收的物质对本实验均有干扰。

【思考题】

1. 画出实验流程图。

2. 过氧化氢酶与哪些生化过程有关?

II 过氧化物酶（POD）活性的测定

【实验目的】

掌握过氧化物酶活性的测定原理及操作步骤。

【实验原理】

在过氧化物酶催化下，过氧化氢将邻甲氧基苯酚（愈创木酚）氧化成茶褐色的 4-邻甲氧基苯酚，该生成物在 470 nm 处有最大吸收峰，颜色深浅与其含量成正比。故可用分光光度计测定其吸光度值 A_{470}，间接表征过氧化物酶的活性。

【材料】

新鲜植物材料。

【仪器与用具】

分光光度计、离心机、秒表、研钵、容量瓶、量筒、试管、移液管等。

【试剂】

1. 0.05 mol/L pH 值 5.5 的磷酸缓冲液。

2. 0.05 mol/L 愈创木酚溶液。

3. 0.08% H_2O_2 溶液。

4. 20%三氯乙酸（TCA）溶液。

【实验步骤】

1. 酶液制备。

称取植物材料 1 g，放入研钵中，加入适量液氮研磨成粉末（或置于已冷冻过的研钵中），加入少量石英砂和适量的磷酸缓冲液研磨成匀浆后，倒入离心管中，于 4 000 r/min 离心 15 min。上清液转入 100 mL 容量瓶中，残渣再用 5 mL 磷酸缓冲液提取 1~2 次，上清液并入容量瓶中，定容至刻度，置于 4 ℃保存备用。

2. 酶活性测定。

取两只试管，1 支为测定管（可设重复），另 1 支为对照管，按表 35-4 加入试剂，配成 POD 反应体系（随酶量的增减，相应改变加入磷酸缓冲液的量，以保持总体积不变）。摇匀，37 ℃下保温反应 15 min 后，迅速转入冰浴中，并加入 2 mL 三氯乙酸终止反应，摇匀，过滤（或 5 000 r/min 离心 10 min），适当稀释，以对照管为空白，470 nm 波长下测定吸光度值 A_{470}。结果记录于表 35-5。

表 35-4　POD 活性测定所加试剂用量

试剂	磷酸缓冲液	愈创木酚	2% H_2O_2	酶提取液	蒸馏水	反应时间	三氯乙酸
对照管/mL	1.0	1.0	1.0	–	1.0	–	2.0
测定管/mL	1.0	1.0	1.0	1.0（适当稀释）	1.0	37 ℃下保温 15 min	2.0

【数据记录】

表 35-5　POD 活性测定实验结果记录

样品质量 W	测定管与对照管吸光度值之差 ΔA_{470}	提取酶液总量 V_T	稀释倍数 N	测定用酶液量 V_S	反应时间 t

【结果计算】

过氧化物酶活力单位（U）定义为 1 min 内 A_{470} 变化 0.01 所需的酶量。

$$过氧化物酶活性 [U/(g \cdot min)] = \frac{\Delta A_{470} \times V_T \times N}{0.01 \times V_S \times W \times t}$$

式中：ΔA_{470} 为测定管与对照管吸光度值之差（反应时间内吸光度值的变化）；V_T 为粗酶提取液总体积（mL）；V_S 为测定用粗酶液体积（mL）；0.01 为 A_{470} 每分钟变化 0.01 为 1 个酶活力单位（U）；t 为反应时间（min）；W 为样品鲜

重（g）。

【注意事项】

1. 酶的提取、纯化需在低温下进行。

2. 反应液中加入酶液的量视酶活性而定，可根据显色情况增加或减少。

3. 加入三氯乙酸是为了终止酶的活性，故要在保温后加入。具体加入数量应以 A_{470} 相对稳定为度，如随时间延长，比色液一直在加深（A_{470} 增大），即说明加入的三氯乙酸量少，此时应适量增加。

【思考题】

1. 画出实验流程图。

2. 测定 POD 活性要注意控制哪些条件？

Ⅲ 超氧化物歧化酶（SOD）活性的测定

【实验目的】

掌握超氧化物歧化酶活性测定的原理和方法。

【实验原理】

超氧化物歧化酶可以催化氧自由基发生歧化反应，生成 H_2O_2 和 H_2O；H_2O_2 又可以被过氧化氢酶分解为 O_2 和 H_2O，从而减少自由基对有机体的伤害，反应式如下。

$$O_2^- + O_2^- + 2H^+ \xrightarrow{\text{SOD}} O_2 + H_2O_2$$

$$2H_2O_2 \xrightarrow{\text{CAT}} O_2 + 2H_2O$$

本实验采用氮蓝四唑（NBT）光化还原法测定超氧化物歧化酶活性。依据超氧物歧化酶抑制 NBT 在光下的还原作用来确定酶活性大小。在有可被氧化物质存在下，核黄素可被光还原，被还原的核黄素在有氧条件下极易再氧化而产生超氧阴离子，超氧阴离子可将氮蓝四唑还原为蓝色的甲腙，甲腙在 560 nm 处有最大吸收，而 SOD 可清除 O_2^-，从而抑制了蓝色化合物的形成。因此光还原反应后，反应液蓝色越深，说明酶活性越低，反之则表明酶的活性越高。据此可以计算出酶活性大小。

【材料】

植物叶片。

【仪器与用具】

分光光度计、高速低温台式离心机、人工智能气候箱（光强达到 5 000~7 000 lx 的照光条件）、研钵、小烧杯、具盖白瓷盘等、微量进样器、荧光灯（反应试管处光照强度为 4 000 lx）、试管或指形管数支。

【试剂】

1. 0.05mol/L pH 值 7.8 磷酸缓冲液，见附录。

2. 130 mmol/L 甲硫氨酸（Met）溶液：称取 1.939 9 g Met，用磷酸缓冲液定容至 100 mL。

3. 750 μmol/L 氮蓝四唑（NBT）溶液：称取 0.061 33 g NBT，用磷酸缓冲液定容至 100 mL，避光保存。

4. 100 μmol/L EDTA-Na$_2$ 溶液：称取 0.037 21 g EDTA-Na$_2$，磷酸缓冲液定容至 100 mL。

5. 20 μmol/L 核黄素溶液：取 0.007 53 g 核黄素，用磷酸缓冲液定容至 1 000 mL，避光保存（现用现配）。

【实验步骤】

1. 酶液提取。

取一定部位的植物叶片（去除粗大叶脉）0.5 g 于预冷的研钵中，加 1 mL 预冷的磷酸缓冲液在冰浴下研磨成浆，转移到 5 mL 离心管中，加缓冲液使终体积为 5 mL。于 4 ℃下 4 000 r/min 离心 10 min，上清液即为 SOD 酶提取液。

2. 显色反应。

取 5 mL 指形管或 25 mL 小烧杯（要求透明度好）4 支，2 支试管为测定管，另 2 支为对照管，按表 35-6 加入各溶液。

表 35-6　SOD 活性测定所加各试剂用量

酶促反应体系	用量/mL	终浓度（比色时）
0.05 mol/L 磷酸缓冲液	1.5	
130 mmol/L Met 溶液	0.3	13 mmol/L
750 μmol/L NBT 溶液	0.3	75 μmol/L
100 μmol/L EDTA-Na$_2$ 溶液	0.3	10 μmol/L
20 μmol/L 核黄素溶液	0.3	2 μmol/L
酶液	0.05	2 支对照管以缓冲液代替酶液
蒸馏水	0.25	
总体积	1.0	

混匀后将 1 支对照管置暗处，其他各管置于 4 000 lx 日光灯下反应 20 min（要求各管受光情况一致，反应室的温度高时反应时间可以缩短，温度低时反应时间可适当延长）。

3. 酶活性测定。

至反应结束后，以不照光的对照管作空白，在 560 nm 下分别测定其他各管（杯）的吸光度值。结果记录于表 35-7。

【数据记录】

表 35-7　SOD 活性测定实验结果记录

样品质量 W	照光对照管的吸光度 A_{CK}	样品管的吸光度 A_E	提取酶液总量 V_T	测定用酶液量 V_S	反应时间 t

【结果计算】

以 1 h 内抑制 NBT 光化还原的 50% 为 SOD 酶一个活性单位（U），按下式计算 SOD 活性。

$$\text{SOD 总活性}\ [\text{U}/(\text{g}\cdot\text{h})] = \frac{(A_{CK} - A_E) \times V_T}{0.5 \times A_{CK} \times W \times t}$$

$$\text{SOD 比活性（U/mg protein）} = \frac{\text{SOD 总活性}}{\text{酶液中蛋白质含量}}$$

式中：A_{CK} 为照光对照管的吸光度；A_E 为样品管的吸光度；V_T 为粗酶提取液总体积（mL）；V_S 为测定用粗酶液体积（mL）；0.5 为定义的一个酶单位（即抑制 NBT 光还原的 50%）的换算系数；t 为反应时间（h）；W 为样品鲜重（g）。

【注意事项】

1. 不同材料、同一材料不同生育时期，SOD 活性不同，实验中所加酶液的量需要经过预测才能决定。

2. 氮蓝四唑（NBT）还原为蓝色的甲腙与光强密切有关，反应过程中应控制光照时间、光照强度和均匀度。

3. 为了除去干扰测定的酚类物质，可在制备粗酶液时加入聚乙烯吡咯烷酮（PVP）。

4. 本试验可将 CAT、POD 活性及可溶性蛋白质含量测定设计成系列实验（SOD 活性测定费时较多，一般单独开设），一次性地称取 1 g 材料，加入 6 mL pH 值 7.8 磷酸缓冲液（不加 PVP）提取，离心后冷冻保存，按每个指标的测定顺序完成各实验。

【思考题】

1. 画出实验流程图。

2. 在 SOD 测定中为什么设暗中和照光两个对照管？

3. 影响本实验准确性的主要因素是什么？应如何克服？

实验 36　甜菜碱含量的测定

【实验目的】

掌握甜菜碱含量测定的原理和方法。

【实验原理】

碘与四价铵类化合物（QACs）反应，形成水不溶性的高碘酸盐类物质，此水不溶性物质可溶于二氯乙烷，在 365 nm 波长下具有最大的吸收值。甜菜碱类化合物与胆碱被碘沉淀所需的 pH 范围不同。根据甘氨酸甜菜碱含量等于四价铵化合物的量减去胆碱的量计算甜菜碱含量。

【材料】

植物叶片（如菠菜叶片）。

【仪器与用具】

紫外分光光度计、离心机、Dowex 1 柱（1 cm×5 cm，OH^-）或 Dowex 1 与 Amberlite（1+2）混合柱、Dowex 50 柱（1 cm×5 cm，H^+）、研钵、试管。

【试剂】

1. 甜菜碱提取液：甲醇：氯仿：水＝12：5：3 比例配制。

2. 4 mol/L 氨水。

3. QACs 沉淀溶液：15.7 g I_2 与 20 g KI 溶于 100 mL 1 mol/L HCl 中过滤，于 -4 ℃下保存待用。

4. 胆碱沉淀溶液：15.7 g I_2 与 20 g KI 溶于 100 mL 0.4mol/L、pH 值 8.0 的 KH_2PO_4-NaOH 缓冲液，过滤，于 -4 ℃下保存待用。

【实验步骤】

1. 甜菜碱提取和纯化。

称取 1~2 g 材料放入研钵中，加 10 mL 甜菜碱提取液后进行研磨。匀浆液在 60~70 ℃水浴中保温 10 min，冷却至室温，1 000 g（若离心半径为 3 cm，相当于 5 500 r/min）离心 10 min，收集水相。氯仿相再加 10 mL 提取液，反复振荡，离心取上层水相。下层氯仿相加入 4 mL 50%甲醇水溶液，进行提取，离心。将上层水相合并，调 pH 值至 5~7，在 70 ℃下蒸干，用 2 mL 水重新溶解。

2. 离子交换法纯化。

将样品加入 Dowex 1 柱或 Dowex 1 与 Amberlite（1+2）混合柱中，用 5 倍柱体积的水洗柱，收集流出液。流出液直接加入 Dowex 50 柱中。先用大于 5 倍柱体积的水洗脱柱子。甜菜碱类化合物由 4 mol/L 氨水洗脱而得，收集 pH 中性的流出液，于 50~60 ℃下蒸发除去水分，再用适当体积的水溶解。

3. 标准曲线制作。

在 10~40 μg/mL 范围内分别制作甜菜碱和胆碱标准曲线。

（1）制作甜菜碱的标准曲线。

每个浓度的标准浴液 0.5 mL 加入 0.2 mL QACs 沉淀溶液混匀，0 ℃下保温 90 min，间歇振荡。加入 2 mL 预冷蒸馏水，迅速加入 20 mL 经 10 ℃预冷的二氯乙烷，在 4 ℃下剧烈振荡 5 min，4 ℃下静置至两相完全分开。恢复至室温，取下相测 A_{365}。以甜菜碱量为横坐标，吸光度为纵坐标，制作标准曲线（表 36-1）。

表 36-1　QACs 标准曲线的制作

QACs 浓度/（mg/mL）	0	50	100	200	400
标准液体积/mL	0.5	0.5	0.5	0.5	0.5
反应液体积/mL	0.2	0.2	0.2	0.2	0.2
			冰浴下震荡 90 min		
蒸馏水/mL	2.0	2.0	2.0	2.0	2.0
10 ℃预冷二氯乙烷/mL	20	20	20	20	20
		10 ℃剧烈震荡，静置分相至室温，测吸光度值			
A_{365}					

（2）制作胆碱的标准曲线。

各浓度的标准溶液加不同浓度的胆碱沉淀溶液，以后各步同表 36-1。以胆碱量为横坐标，吸光度为纵坐标，制作标准曲线。

4. 样品测定。

按标准曲线制作方法分别测出四价铵化合物与胆碱的量，再求出甜菜碱的含量。结果记录于表 36-2。

【数据记录】

表 36-2　实验结果记录

样品质量 W	A_{365}（QACs）	A_{365}（胆碱）	由标准曲线求得的 QACs 含量 C	由标准曲线求得的 胆碱含量 C

【结果计算】

$$甜菜碱的含量 = QACs 的量 - 胆碱的量$$

【注意事项】

被测植株若预先进行渗透胁迫处理，结果会更显著。

【思考题】

1. 画出实验流程图。

2. 逆境时产生的甜菜碱对细胞有何保护作用?

3. 甜菜碱提取和测定过程中有哪些注意事项?

4. 植物体内的渗透调节物质还有哪些?

第二模块　综合性实验

实验 37　胡杨水分状况的测定

【实验目的】

水是原生质的主要组成成分，占原生质总量的 70%～90%。植物水分状况对细胞植物的生理活动具有重要影响。植物的水分状况可以从相关生理指标得到体现。植物水分状况指标在植物水分生理的科学研究中或农业生产实践中经常用到，因此，要了解和掌握植物水分状况测定的方法。

【材料与处理】

同一胡杨植株、不同部位或不同叶型（异形叶）胡杨叶片；或者同一生境、不同树龄胡杨叶片；不同生境相同树龄胡杨的叶片。

【测定指标】

水势：参见实验 1。也可采用压力室法测定。

渗透势：参见实验 2。

含水量：采用称重法测定。植物组织含水量常用水分含量占鲜重或干重的百分比来表示。在研究植物水分状况时，相对含水量与水分饱和亏也是常用的水分生理指标，可用水分饱和亏来表示植株缺水情况，但所有表示法都要根据植物组织的鲜重（W_f）、干重（W_d）和吸胀重（W_{ta}，饱和鲜重）来计算。

含水量（占鲜重%）＝（W_f-W_d）/W_f×100

含水量（占干重%）＝（W_f-W_d）/W_d×100

相对含水量（RWC%）＝（W_f-W_d）/（$W_{ta}-W_d$）×100

水分饱和亏（WSD%）＝（1-RWC）×100

吸胀重/干重比值＝W_{ta}/W_d

叶片萎蔫：误差大，可信度低。

实验 38　新疆长绒棉对氮素缺乏的生理反应

【实验目的】

氮是植物体内最重要的元素，在植物的生命活动中占有十分重要的地位，被称为生命元素。植物体内的氮素水平，无论是对植物的生理活动，还是对植物的形态表现，都会产生多方面的影响。本组实验旨在探讨氮素对根系体积、根系活力、硝酸还原酶活性及根尖的有丝分裂指数等指标的影响。

【材料与处理】

砂培（或在蛭石中培养的）棉花幼苗（最少有两片真叶）。其他同实验 5。取 40 个培养缸，洗净，分两组，一组加入营养完全的培养液；另一组加入缺氮培养液，培养幼苗。

【测定指标】

根系活力：参见实验 6。

硝酸还原酶活性：参见实验 7。

硝态氮含量：参见实验 8。

根系体积：采用水位取代法测定。

根系吸收面积：采用吸附甲烯蓝法测定。

细胞有丝分裂指数：采用显微观察法测定。

实验 39　植物衰老过程中叶片气体交换、叶绿素荧光参数的分析

【实验目的】

植物衰老是导致植物自然死亡的生命活动衰退过程，研究不同部位叶片的光合、呼吸、蒸腾速率，气孔导度以及叶绿素 a 荧光参数 F_o、F_v/F_m、P_i 等，有助于帮助学生理解植物叶片衰老过程中对光能的利用能力，培养学生运用生长发育、衰老相关理论知识进行综合分析，加深对植物衰老理论的理解。

【材料与处理】

生长至 8~10 个叶片的烟草植株，或者小麦、玉米、棉花等农作物，或者果树（枣树、梨树等）、蔬菜（番茄）等。还可以根据试验时间选择当季生长的植物。

【测定指标】

1. 测定不同部位烟草叶片（幼叶、功能叶和衰老叶）的蒸腾速率、气孔导度、叶片温度、光合速率、细胞间隙 CO_2 浓度和呼吸速率等气体交换参数，以及光-光合曲线、CO_2-光合曲线。以上指标可采用便携式光合测定系统测定。

2. 测定不同部位烟草叶片的 F_o、F_m、F_v、F_v/F_m、F_v/F_o、P_i 等叶绿素荧光参数。可采用便携式光合测定系统测定，也可用 Pocket PEA 植物效率仪测定。

F_o：最小荧光，也称初始荧光，是 PSII 反应中心完全开放时的荧光强度。

F_m：最大荧光，是 PSII 反应中心完全关闭时的荧光强度。

F_v：可变荧光，$F_v = F_m - F_o$，暗适应最大可变荧光强度，反映 Q_A 的还原情况。

F_v/F_m：PSII 最大光合效率，反映 PSII 反应中心最大光能转化效率。

F_v/F_o：代表 PSII 潜在光化学活性，与有活性的反应中心数量成正比。

P_i：光合性能指数，与光合机构对光能的吸收、转化以及电子传递等过程有关，是一个综合反映光合机构活性的参数。

3. 测定不同部位叶片的叶绿体色素含量：参见实验 10。

实验 40　低温对植物幼苗抗冷性的影响

【实验目的】

在作物生产中，经常会遇到低温胁迫，对作物的生长发育造成较大的伤害，同时作物体内会发生一系列生理生化反应进行适应。通过研究低温对作物生理生化指标的影响，运用植物逆境生理理论分析低温对作物生长发育的伤害机理，加深学生对植物逆境生理理论的理解。

【材料与处理】

1. 材料。

选择水稻、玉米等，或果树、蔬菜，可选取同一植物材料不同抗性的 3 个品种。

2. 幼苗培养。

选取玉米种子若干粒，用 75% 酒精和 5% 的 NaClO 溶液消毒，水洗后浸种 14~15 h。在 25 ℃恒温箱中催芽 2 d。出芽后选整齐一致的萌发种子播种在沙子中，浇透水，覆沙子 1 cm 厚，用塑料布覆盖保湿，出苗后揭去塑料布。每周浇水 2~3 次，浇完全培养液 1 次。待幼苗培养到 4~5 片真叶时，进行低温处理。

3. 低温处理。

5 ℃、10 ℃处理 4~5 h，或在 -20 ℃处理 10 min 和 20 min，以室温下培养（25 ℃）为对照。

【测定指标】

水势：参见实验 1。

根系活力：参见实验 6。

叶绿素含量：参见实验 11。

游离脯氨酸含量：参见实验 32。

细胞膜透性：参见实验 34。

保护酶活性：参见实验 35。

丙二醛含量：参见实验 33。

膜脂中脂肪酸含量：采用气相色谱法测定。

实验 41　$CaCl_2$ 在植物抗旱性中的作用

【实验目的】

植物种子在一定浓度的盐溶液中吸水膨胀，然后播种萌发，可提高植物的抗旱能力。自 $CaCl_2$ 作为抗蒸腾剂应用于农业生产实践以来，Ca^{2+} 与植物抗旱性的关系受到人们广泛重视，本实验拟通过 $CaCl_2$ 浸种，探讨 $CaCl_2$ 浸种在干旱条件下对植物幼苗生理生化指标的影响，了解浸种提高植物抗旱性的生理机制，并可应用于植物抗旱材料的筛选。

【材料与处理】

1. 材料。

选择小麦、水稻、玉米等，或果树、蔬菜，可选取同一植物材料不同抗性的 3 个品种。

2. 幼苗培养。

选取种子若干粒，75% 酒精和 5% 的 NaClO 溶液消毒，水洗后将种子分成 2 组：实验组为 0.5% $CaCl_2$ 溶液浸种，对照组为蒸馏水浸种，浸种 14~15 h，在 25 ℃ 恒温箱中催芽 2 d。出芽后，选整齐一致的萌发种子移入培养皿中，继续用蒸馏水在恒温箱中培养 2~3 d，每天换水 2 次，取出放入烧杯中，每杯 3 株苗，用完全培养液培养，出 2 片真叶后，去胚乳。每 7 d 更换 1 次完全培养液，按时通气、调溶液 pH，在光照培养箱中培养 14 d。

3. $CaCl_2$ 处理。

将培养幼苗的完全培养液更换成 10% PEG6000 培养液，模拟干旱胁迫处理 1~2 d 后，完全培养液为对照，进行生理指标测定。

【测定指标】

水势：参见实验 1。

植物组织中自由水和束缚水含量：参见实验 3。

叶绿体色素含量：参见实验 11。

根系活力：参见实验 6。

游离脯氨酸含量：参见实验 32。

丙二醛含量：参见实验 33。

电解质外渗量和伤害度：参见实验 34。

膜脂中脂肪酸含量：采用气相色谱法测定。

实验 42　重金属对植物生长的影响

【实验目的】

近年来，随着采矿、电镀、制革、冶炼等行业的发展，重金属的排放物对环境的污染越来越严重，对植物生长和农作物生产造成严重影响。认识重金属对植物的伤害以及植物对重金属污染产生的生理反应，了解植物对重金属作用的敏感性和生理反应。

【材料与处理】

1. 材料。

适于当地栽培的玉米、小麦、水稻等，或者果树、蔬菜。

2. 采用砂培或溶液培养的方式培育幼苗，用不同浓度直至过量的 Zn^{2+}、Cu^{2+}、Pb^{2+} 或者 Cd^{2+} 的重金属盐溶液培养，出现伤害症状后进行各项指标的测定。

【测定指标】

植株生长速率（茎节长、叶面积、根的鲜重和干重、地上部的鲜重和干重等）：采用测量法或称重法测定。

根系活力：参见实验 6。

光合速率：参见实验 26；也可采用便携式光合测定系统测定。

呼吸速率：参见实验 16。

植株中重金属含量：Zn^{2+}、Cu^{2+} 可采用 AAS 法测定；Pb^{2+}、Cd^{2+} 可采用碘化钾 MIBK 萃取–原子吸收光谱法测定。

游离脯氨酸含量：参见实验 32。

丙二醛含量：参见实验 33。

电解质外渗量和伤害度：参见实验 34。

第三模块　设计性实验

实验 43　不同贮藏条件对新疆瓜果品质的影响

【研究背景】

新疆瓜果品质优良，驰名中外。贮藏期长短对新疆瓜果的经济效益和生产效益有重要影响。因此，研究适合新疆瓜果贮藏的条件，对延长新疆瓜果贮藏期，使其保持良好的品质有重要的意义。

瓜果的品质与其所含有的营养物质、维生素和矿质元素等的含量有关，因此在生产上经常需要测定它们的含量。

【实验目的】

1. 了解测定瓜果品质指标的意义。

2. 了解不同瓜果品质指标之间的相互关系。

3. 学会将可溶性糖含量、维生素 C 含量、有机酸含量、可溶性蛋白含量等方法综合运用于植物的品质分析。

【方法提示】

1. 通过市场调研，明确目前贮藏方法和条件，以及品质指标关注点。

2. 查阅文献资料，确定研究题目和研究目标。推荐查询：中国知网（清华同方）资源数据库（http：//www.cnki.net/）、万方数据资源系统（http：//www. wanfangdata. com. cn）、Elsevier ScienceDirect 全文数据库（http：//www. sciencedirect.com/）、SpringerLink 全文数据库（http：//www.springerlink.com）等网站。

3. 供试材料选择。

哈密瓜、葡萄、香梨、苹果、枣、杏等。

4. 研究方案提示。

（1）根据不同瓜果的成熟时间，采收样品。

（2）根据不同瓜果呼吸类型（跃变型或非跃变型）确定适合的贮藏条件，设计处理方案。

（3）定期测定贮藏期间瓜果样品的品质指标。参考指标：失重率、果实硬度、可溶性固形物含量、可溶性糖含量、有机酸含量、呼吸强度、维生素 C 含量、可溶性蛋白含量、乙烯释放速率等。

（4）分析贮藏条件、贮藏时间与品质的关系，明确适宜的贮藏条件和贮藏时间。

实验 44　盐环境对密胡杨幼苗生长、解剖结构及生理生化的影响

【研究背景】

对植物产生不利效应的土壤中可溶性盐分过多，称为盐胁迫（salt stress），由此对植物产生的伤害称为盐害（salt injury）。含盐较多的土壤，根据所含盐分的主要种类分为盐土和碱土。以碳酸钠（Na_2CO_3）和碳酸氢钠（$NaHCO_3$）为主的土壤，称为碱土（alkaline soil）；以氯化钠（NaCl）和硫酸钠（Na_2SO_4）等为主的土壤，则称为盐土（saline soil）。对于大多数土壤，这两大类盐又常混合存在，故习惯上称为盐碱土（saline and alkaline soil）或盐渍土。我国盐渍土面积约为 1 亿 hm^2。我国耕地总面积中有近 1/3 为盐渍化土地。此外，由于灌溉和化肥使用不当、工业污染加剧等原因，次生盐渍化土壤面积还在逐年扩大。盐胁迫引起植物一系列生理生化变化，包括吸收状况、细胞膜结构与功能、细胞器结构与活力、光合速率、呼吸速率、渗透调节物质积累、营养元素缺乏、活性氧积累、激素平衡变化等。在轻度盐胁迫下，植物生长受到抑制，产量和品质下降，严重时植物死亡。

【实验目的】

1. 了解盐胁迫对植物的生理效应。

2. 学会利用有关理论知识分析解释生理生化指标的测定结果。

3. 学会根据实验结果和所学的理论知识分析盐胁迫的伤害机理。

4. 学会运用水势、渗透势、游离脯氨酸含量、根系活力、外渗电导率、可溶性糖含量、抗氧化酶（SOD、POD、CAT）活性、MDA 含量的测定方法研究具体的植物生理问题。

【方法提示】

1. 查阅文献资料，确定研究题目和研究目标。推荐查询：中国知网（清华同方）资源数据库（http：//www.cnki.net/）、万方数据资源系统（http：//www.wanfangdata.com.cn）、Elsevier ScienceDirect 全文数据库（http：//www.sciencedirect.com/）、SpringerLink 全文数据库（http：//www.springerlink.com）等网站。

2. 供试材料选择。

密胡杨（*Populus talassica* × *P. euphratica*）。

3. 研究方案提示。

（1）材料的培养：密胡杨扦插幼苗，盆栽土培或者沙培。

（2）盐种类的选择：可以设置单盐处理，如 NaCl；也可设置复合盐处理。

（3）盐处理浓度的确定。

（4）生长指标的测定：可选择株高、地径、叶面积、根系面积、根冠比等。

（5）生理指标的测定：可选择含水量、水分饱和亏、水势、渗透势、游离脯氨酸含量、根系活力、外渗电导率、可溶性糖含量、保护酶（SOD、POD、CAT）活性、MDA 含量、光合速率等指标。

（6）解剖结构的观察：可利用光学显微镜观察根、茎、叶结构变化（栅栏组织厚度、海绵组织厚度、叶片组织紧密度、叶片组织疏松度等）；也可以利用电子显微镜观察生物膜结构变化。

4. 分析盐环境（不同盐浓度）下，植物材料各种指标的变化情况，明确密胡杨对盐环境的响应机理，确定植物材料的盐适应范围。

附录　试剂配制的基本知识

一、化学试剂配制的注意事项

在配制试剂时，首先应明确所配试剂的用途，并据此选择适当规格的试剂，确定称量的精确程度，对水或其他溶剂的要求，所配试剂的数量以及对试剂瓶的要求等。一般说来，在定量分析中所用的试剂，对上述各方面都应严格要求，而在定性分析和制备中所用的试剂，则要求低一些。但这也不是绝对的，因为在定性和制备实验中所用的某些试剂，常需在上述某些方面要求严格，而定量分析中的有些试剂，在某些方面又要求较低。

1. 称量要精确，特别是在配制标准溶液、缓冲液时，更应注意严格称量。有特殊要求的要按规定进行干燥、恒重、提纯等。

2. 一般溶液都应用蒸馏水或去离子水配制，有特殊要求的除外。

3. 配制溶液时，应根据实验要求选择不同规格的试剂。用于配制标准溶液的试剂应具备纯度高（含杂质的量少到可以忽略不计）、组成与化学式完全相符、稳定、不易吸水、不易被空气氧化等条件。化学试剂根据其质量和纯度可分为各种规格，一般化学试剂分级见附表1。

附表1　化学试剂规格

级别	名称	简写	纯度和用途	瓶签颜色
一	优级纯（保证试剂）	GR	纯度高，杂质含量低，适用于研究和配制标准液	绿色
二	分析纯	AR	纯度较高，杂质含量较低，适用于定性定量分析	红色
三	化学纯	CP	质量略低于二级，用途同上	蓝色
四	实验试剂	LR	质量较低，比工业用高，用于一般定性检验	棕色
	生物试剂	BR	用于生化研究和检验试剂	黄色
	生物染色剂	BS	主要用于生物组织学和微生物染色，供显微镜检查	玫红色

4. 试剂应根据需要量配制，一般不宜过多，以免造成浪费或过期失效。配制量可按实际用量的 1.5～2 倍计算，实际用量＝每样品需用量×重复次数×样

品数。

5. 试剂（特别是液体）一经取出，不得放回原瓶，以免因吸管或药勺不洁而沾污整瓶试剂。取固体试剂时，必须使用洗净干燥的药勺。

6. 配制试剂所用的玻璃器皿，均应清洗干净，最后用蒸馏水洗涤干燥后备用。

7. 试剂瓶上要贴上标签，注明试剂名称、浓度及配制日期。

8. 试剂用后要用原瓶塞塞紧，瓶塞不得沾染其他污物或沾污桌面。

9. 对于一些易变质的化学试剂，变质后不能继续使用。一般易变质以及需要特殊方法保存的化学试剂见附表2。需要密封的化学试剂，可在加塞塞紧后再用蜡封好。有的平时还须保存在干燥器内，干燥器可用生石灰、无水氯化钙和硅胶，不宜用硫酸。需要避光者可置于棕色瓶内或用黑纸包装。

附表 2　易变质及需特殊保存的化学试剂

注意事项	特性	试剂名称举例
需要密封	易潮解吸湿	氧化钙、氢氧化钠、氢氧化钾、碘化钾、三氯乙酸
	易失水风化	结晶硫酸钠、硫酸亚铁、含水磷酸氢二钠、硫代硫酸钠
	易挥发	氨水、氯仿、醚、碘、麝香草酚、甲醛、乙醇、丙酮
	易吸收 CO_2	氢氧化钾、氢氧化钠
	易氧化	硫酸亚铁、醚、醛类、酚、抗坏血酸和一切还原剂
	易变质	丙酮酸钠、乙醚和许多生物制品（常需冷藏）
需要避光	见光变色	硝酸银（变黑）、酚（变淡红）、氯仿（产生光气）、茚三酮（变淡红）
	见光分解	过氧化氢、氯仿、漂白粉、氰氢酸
	见光氧化	乙醚、醛类、亚铁盐和一切还原剂
特殊方法保管	易爆炸	苦味酸、硝酸盐类、过氯酸、叠氮化钠
	剧毒	氰化钾（钠）、汞、砷化物、溴
	易燃	乙醚、甲醇、乙醇、丙醇、苯、甲苯、二甲苯、汽油
	腐蚀	强酸、强碱

二、常用试剂的配制及浓度表示法

（一）常用试剂配制步骤

1. 计算配制该试剂所需溶质的量。

2. 根据实验的要求选择适当的量器称（量）取溶质。对于浓度精度要求不高的试剂，可用托盘天平称取固体溶质，量筒量取液体溶质。

3. 把称好的溶质放入洗净的烧杯内，用尽可能少的蒸馏水使其完全溶解，然后倒入量筒或容量瓶，加入蒸馏水直至所需的体积或重量。

4. 标准溶液要用分析天平称取准确量的溶质，然后用重蒸水或去离子水在容量瓶中配制而成。标准溶液一般可保存 2~3 个月，由于其直接用于实验操作，所以需要经常进行检查，以保证其浓度准确可靠，必要时需要定期进行标定。如若发现溶液混浊、发霉、沉淀等现象时，应该弃去不用，重新配制。为了防止溶液变质，有时可根据试剂的性质加入一定量的保护剂。

（二）常用试剂浓度的表示方法及计算

单位容积溶液中所存在的溶质量，称为该物质的浓度。常用浓度有百分浓度和摩尔浓度两种。

1. 百分浓度（%）

由于溶质与溶液所用的单位不同，百分浓度可分为下列 3 种。

（1）质量与质量百分浓度（W/W）：即每 100 g 溶液中所含溶质的克数。

$$溶质（g）+溶剂（g）=100 \text{ g 溶液}$$

配制质量与质量百分浓度的方法如下。

①若溶质是固体：

$$称取溶质的克数=需配制溶液的总质量×需配制溶液的浓度$$
$$需用溶剂的克数=需配制溶液的总质量-称取溶质的克数$$

例如：配制 10% 氢氧化钠溶液 200 g，则

　　200 g × 0. 1＝20 g（固体氢氧化钠）　　200 g-20 g＝180 g（溶剂）

称取 20 g 氢氧化钠加 180 g 水溶解即可。

②若溶质是液体：

$$需量取溶质的体积=\frac{需配制溶液总质量}{溶质的比重×溶质的百分浓度}×需配制溶液的浓度$$

需用溶剂的克数=需配制溶液总质量-（需配制溶液总质量×需配制溶液的浓度）

例如：配制 20% 硝酸溶液 500 g（浓硝酸的浓度为 90%，比重为 1. 49），则

$$\frac{500}{1.49×0.9}×0.2=74.57（\text{mL}）\qquad 500-（500×0.2）=400（\text{mL}）$$

量取 400 mL 水加入 74. 57 mL 浓硝酸混匀即可。

（2）质量与体积百分浓度（W/V）：即每 100 mL 溶液中所含溶质的克数。

一般配制溶质为固体的稀溶液。如配制 1.0% 氢氧化钠溶液时，称取 1.0 g 氢氧化钠用水溶解后稀释至 100 mL 即可。

（3）体积与体积百分浓度（V/V）：即每 100 mL 溶液中含溶质的毫升数。一般用来配制溶质为液体试剂（如乙醇、氯仿、盐酸等）的溶液。如 30% 乙醇，即表示每 100 mL 溶液中含有无水乙醇 30 mL。因此在配制时必须把 30 mL 无水乙醇用蒸馏水稀释至 100 mL，切不可把 30 mL 无水乙醇加入 100 mL 蒸馏水中。

2. 摩尔浓度（mol/L）

摩尔浓度是以每升溶液中含有溶质的摩尔数，常以 M 表示。

$$摩尔浓度 = \frac{溶质的质量（g）}{溶质的分子量} \times \frac{1}{需配制溶液的体积（L）}$$

称取溶质的克数＝需配制溶液的摩尔浓度×需配制溶液的体积×溶质的分子量

例如：配制 2 mol/L 碳酸钠溶液 500 mL（Na_2CO_3 的分子量为106），则

$$2 \times 106 \times \frac{500}{1\ 000} = 106（g）$$

将 106 g 无水碳酸钠用蒸馏水溶解后，在容量瓶中稀释至 500 mL 即可。

生化检验分析中还经常采用毫摩尔溶液（mmol/L）及微摩尔溶液（μmol/L），如酶活力测定中各种基质物质的含量常以 mM 及 μM 表示之。其换算关系如下。

$$1\ mol/L = 1\ mmol/mL = 1\ μmol/μL \quad 1\ mmol/L = 1\ μmol/mL$$
$$1\ mol/L = 1\ 000\ mmol/L \qquad\qquad 1\ mmol/L = 1\ 000\ μmol/L$$

需要注意的是，不论配制百分浓度还是摩尔浓度的溶液，都要注意原料试剂瓶签上所标的分子式及分子量。因为有些原料试剂是无水的，有些是含结晶水的，务必不能将含结晶水的原料当作无水的使用，否则实际浓度就不够。如市售碳酸钠有两种：一种为无水碳酸钠，分子式为 Na_2CO_3，分子量为 106；另一种为结晶碳酸钠，每分子含有 10 个分子的结晶水，分子式为 $Na_2CO_3 \cdot 10H_2O$，分子量则为 286。因此，如用 $Na_2CO_3 \cdot 10H_2O$ 配制 10% 碳酸钠溶液，则必须用（286/106）×10 = 27 g $Na_2CO_3 \cdot 10H_2O$ 溶于蒸馏水，稀释至 100 mL；如用 $Na_2CO_3 \cdot 10H_2O$ 配制 1 mol/L 碳酸钠溶液，则需要用 286 g $Na_2CO_3 \cdot 10H_2O$ 溶于蒸馏水并稀释至 1 000 mL。

此外，对尚无明确分子组成，如存在于提取物中的蛋白质或核酸浓度，或一混合物中的生物活性化合物，如维生素 B_{12} 和血清免疫球蛋白的分子量尚未被肯定的物质，其浓度以单位容积中溶质的重量（而非 mol/L）表示，如 g/L、mg/L 和 μg/L 等。

（三）溶液浓度的调整

1. 浓溶液的稀释

将浓溶液稀释成稀溶液可根据浓度与体积成反比的原理进行计算。

$$C_1 \times V_1 = C_2 \times V_2$$

式中：V_1 为浓溶液体积；C_1 为浓溶液浓度；V_2 为稀溶液体积；C_2 为稀溶液浓度。

例如：将 6 mol/L 硫酸 450 mL 稀释成 2.5 mol/L 可得多少毫升？

$$6 \times 450 = 2.5 \times V_2 \quad V_2 = \frac{6 \times 450}{2.5} = 1\ 080（mL）$$

另外，还可以采用交叉法进行稀释，方法如下。

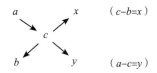

设浓溶液的浓度为 a，稀溶液的浓度为 b，要求配制的溶液浓度为 c。
x 为 a 所需要的体积，y 为 b 所需要的体积。

例如：要配 75%乙醇，需要用 95%乙醇和水多少份？

$$\begin{array}{ccc}
95 & \searrow & 75 \\
 & 75 & \\
0 & \nearrow & 20
\end{array}$$

（75-0=75）……95%乙醇

（95-72=20）…………水

取 95%乙醇 75 份，加水 20 份，混匀即可。

2. 稀溶液浓度的调整

同样按照溶液的浓度与体积成反比的原理，或利用交叉法进行计算。

$$C \times (V_1 + V_2) = C_2 \times V_2 + C_1 \times V_1$$

式中：C 为所需溶液浓度；C_1 为浓溶液的浓度；V_1 为浓溶液的体积；C_2 为稀溶液的浓度；V_2 为稀溶液的体积。

例如：现有 0.25 mol/L 氢氧化钠溶液 800 mL，需要加多少毫升的 1 mol/L 氢氧化钠溶液，才能成为 0.4 mol/L 氢氧化钠溶液？

设所需 1 mol/L 氢氧化钠溶液的毫升数为 x，代入公式。

$$0.4 \times (x + 800) = 0.25 \times 800 + 1 \times x \quad x = 200 \text{（mL）}$$

在 800 mL 0.25 mol/L 氢氧化钠溶液中加入 200 mL 1 mol/L 氢氧化钠溶液混匀即可。

利用交叉法进行纠正也可，方法如下。

$$\begin{array}{ccc}
1 & \searrow & 0.15 \\
 & 0.4 & \\
0.25 & \nearrow & 0.6
\end{array}$$

（0.4-0.25=0.15）……1 mol/L氢氧化钠溶液

（1-0.4=0.6）……0.25 mol/L氢氧化钠溶液

取 1 mol/L 氢氧化钠溶液 0.15 mL、0.25 mol/L 氢氧化钠溶液 0.6 mL，混匀即成 0.4 mol/L 氢氧化钠溶液。

设 x 为所需 1 mol/L 氢氧化钠溶液的毫升数。

$$0.15 : 0.6 = x : 800 \quad x = 200 \text{（mL）}$$

3. 溶液浓度互换公式

$$质量百分浓度（\%）= \frac{摩尔浓度 \times 分子量}{比重}$$

$$摩尔浓度（mol/L）= \frac{百分浓度 \times 比重}{分子量}$$

三、常用酸碱试液配制及其相对密度、浓度

名称	化学式	相对密度（20 ℃）	质量分数/（%或 g/g）	质量浓度/（g/mL）	量浓度/（mol/L）	配制方法
浓盐酸	HCl	1.19	38	44.30	12	
稀盐酸	HCl			10	2.8	浓盐酸 234 mL 加水至 1 000 mL
浓硫酸	H_2SO_4	1.84	96~98	175.9	18	
稀硫酸	H_2SO_4			10	1	浓硫酸 57 mL 缓缓倾入约 800 mL 水中，并加水至 1 000 mL
浓硝酸	HNO_3	1.42	70~71	99.12	16	
稀硝酸	HNO_3			10	1.6	浓硝酸 105 mL 缓缓加入约 800 mL 水中，并加水至 1 000 mL
冰乙酸	CH_3COOH	1.05	99.5	104.48	17	
稀乙酸	CH_3COOH			6.01	1	冰乙酸 60 mL 加水稀释至 1 000 mL
高氯酸	$HClO_4$	1.75	70~71		12	
浓氨溶液	NH_3H_2O	0.90	25%~27% NH_3	22.5%~24.3% NH_3	15	
氨试液（稀氢氧化铵液）		0.96	10% NH_3	9.6% NH_3	6	浓氨液 400 mL 加水稀释至 1 000 mL

四、常用有机溶剂及其主要性质

名称	化学式	分子量	熔点/℃	沸点/℃	溶解性	性质
甲醇	CH_3OH	32.04	-97.8	64.7	溶于水、乙醇、乙醚、苯等	无色透明液体。易被氧化成甲醛。其蒸气能与空气形成爆炸性的混合物。有毒，误饮后，能使眼睛失明。易燃，燃烧时生成蓝色火焰

（续表）

名称	化学式	分子量	熔点/℃	沸点/℃	溶解性	性质
乙醇	C_2H_5OH	46.07	-114.10	78.50	能与水、苯、醚等许多有机溶剂相混溶。与水混溶后体积缩小，并释放热量	无色透明液体，有刺激性气味，易挥发。易燃。为弱极性的有机溶剂
丙醇	C_3H_7OH	60.09	-127.0	97.20	与水、乙醇、乙醚等混溶	几色液体，对眼睛有刺激作用。有毒，易燃
丙三醇（甘油）	$C_3H_8O_3$			180	易溶于水，在乙醇等中溶解度较小，不溶解于醚、苯和氯仿	无色有甜味的黏稠液体，具有吸湿性，但含水到20%就不再吸水
丙酮	C_3H_6O	58.08	-94.0	56.5	与水、乙醇、氯仿、乙醚及多种油类混溶	无色透明易挥发的液体，有令人愉快的气味。能溶解多种有机物，是常用的有机溶剂。易燃
乙酸乙酯	$C_4H_9O_2$	88.1	-83.0	77.0	能与水、乙醇、乙醚、丙酮及氯仿等混溶	无色透明易挥发的液体。易燃。有果香味
乙醚	$C_4H_{10}O$	74.12	-116.3	34.6	微溶于水，易溶于浓盐酸，与醇、苯、氯仿、石油醚及脂肪溶剂混溶	无色透明易挥发的液体，其蒸气与空气混合极易爆炸。有麻醉性。易燃，避光置阴凉处密封保存。在光下易形成爆炸性过氧化物
苯	C_6H_6	78.11	5.5（固）	80.1	微溶于水和醇，能与乙醚、氯仿及油等混溶	白色结晶粉末，溶液呈酸性。有毒性，对造血系统有损害。易燃
甲苯	C_7H_8	92.12	-95	110.6	不溶于水，能与多种有机溶剂混溶	无色透明有特殊芳香味的液体，易燃，有毒
二甲苯	C_8H_{10}	106.16		137~140	不溶于水，与无水乙醇、乙醚、三氯甲烷等混溶	无色透明液体，易燃，有毒。高浓度有麻醉作用
苯酚	C_6H_5OH	94.11	42	182.0	溶于热水，易溶于乙醇等有机溶剂。不溶于冷水和石油醚	无色结晶，见光或露置空气中变为淡红色。有刺激性和腐蚀性。有毒
氯仿	$CHCl_3$	119.39	-63.5	61.2	微溶于水，能与醇、醚、苯等有机溶剂及油类混溶	无色透明有香甜味的液体，易挥发，不易燃烧。在光和空气中氧气作用下产生光气。有麻醉作用
四氯化碳	CCl_4	153.84	-23（固）	76.7	不溶于水，能与乙醇、苯、氯仿等混溶	无色透明不燃烧的质重液体。可用于灭火。有毒
二硫化碳	CS_2	76.14	-111.6	46.5	难溶于水，能与乙醇等有机溶剂混溶	无色透明的液体，有毒，有恶臭，极易燃
石油醚				30~70	不溶于水，能与多种有机溶剂混溶	是低沸点的碳氢化合物的混合物。有挥发性，极易燃，和空气的混合物有爆炸性

（续表）

名称	化学式	分子量	熔点/℃	沸点/℃	溶解性	性质
甲醛	CH_2O	30.03	120~170（多聚乙醛）		能与水和乙醇等任意混合。30%~40%的甲醛水溶液称为福尔马林，并含有5%~15%的甲醇	无色透明液体，遇冷聚合变混，形成多聚甲醛的白色沉淀。在空气中能逐渐被氧化成甲酸。有凝固蛋白质的作用。避光，密封，15℃以上保存。有毒
乙醛	CH_3CHO	44.05		20.8	能与水和乙醇任意混合	无色透明液体，久置聚合并发生浑浊或沉淀。易挥发。乙醛气体与空气混合后易引起爆炸
二甲亚砜	CH_3SOCH_3		18.5	189	能与水、醇、醚、丙酮、乙醛、吡啶、乙酸乙酯等混溶，不溶于乙炔以外的脂肪烃化合物	有刺激性气味的无色黏稠液体，有吸湿性。常用作冷冻材料时的保护剂。为非质子化的极性溶剂，能溶解二氧化硫、二氧化氮、氯化钙、硝酸钠等无机盐
乙二胺四乙酸	$C_{10}H_{16}N_2O_8$	292.25	240		溶于氢氧化钠、碳酸钠和氨溶液，不溶于冷水、醇和一般有机溶剂	白色结晶粉末，能与碱金属、稀土元素、过渡金属等形成极稳定的水溶性络合物，常用作络合试剂
吐温80					能与水及多种有机溶剂相混溶，不溶于矿物油和植物油	浅粉红色油状液体。有脂肪味

五、常用缓冲液的配制

由一定物质所组成的溶液，在加入一定量的酸或碱时，其氢离子浓度改变甚微或几乎不变，此种溶液称为缓冲溶液，这种作用称为缓冲作用，其溶液内所含物质称为缓冲剂。缓冲剂的组成多为弱酸及这种弱酸与强碱所组成的盐，或弱碱及这种弱碱与强酸所组成的盐。调解二者的比例可以配制成各种 pH 值的缓冲液。

常用的某些缓冲液列在下表中。绝大多数缓冲液的有效范围在其 pKa 值左右 1 pH 单位。

酸 或 碱	pKa_1	pKa_2	pKa_3
磷酸	2.1	7.2	12.3
柠檬酸	3.1	4.8	5.4
碳酸	6.4	10.3	—
乙酸	4.8	—	—
巴比妥酸	3.4	—	—
Tris（三羟甲基氨基甲烷）	8.3	—	—

选择实验的缓冲系统时，要特别慎重。因为影响实验结果的因素有时并不是缓冲液的 pH 值，而是缓冲液中的某种离子。选用下列缓冲系统时应注意以下几点。

1. 硼酸盐能与许多化合物（如糖）生成复合物。

2. 柠檬酸盐柠檬酸离子能与 Ca^{2+} 结合，因此不能在 Ca^{2+} 存在时使用。

3. 磷酸盐可能在一些实验中作为酶的抑制剂甚至代谢物起作用。重金属离子能与此溶液生成磷酸盐沉淀，而且它在 pH 值 7.5 以上的缓冲能力很小。

4. Tris 缓冲液能在重金属离子存在时使用，但也可能在一些系统中起抑制剂的作用。它的主要缺点是温度效应（此点常被忽视）。室温时 pH 值 7.8 的 Tris 缓冲液在 4 ℃时的 pH 值为 8.4，在 37 ℃时 pH 值为 7.4，因此一种物质在 4 ℃ 制备时到 37 ℃测量时其氢离子浓度可增加 10 倍之多。Tris 在 pH 值 7.5 以下的缓冲能力很弱。

（一）甘氨酸–盐酸缓冲液（0.05 mol/L，25 ℃）

0.2 mol/L 甘氨酸：称取甘氨酸（分子量 75.07）15.01 g，用蒸馏水溶解后定容至 1 000 mL。

X mL 0.2 mol/L 甘氨酸+Y mL 0.2 mol/L 盐酸，再加蒸馏水稀释至 200 mL。

pH	X	Y	pH	X	Y
2.2	50	44.0	3.0	50	11.4
2.4	50	32.4	3.2	50	8.2
2.6	50	24.2	3.4	50	6.4
2.8	50	16.8	3.6	50	5.0

（二）乙酸–乙酸钠缓冲液（0.2 mol/L，18 ℃）

0.2 mol/L 乙酸钠溶液：称取 $C_2H_3O_2Na \cdot 3H_2O$（分子量 136.09）27.22 g 或 $C_2H_3O_2Na$（分子量 82.09）16.4 g，用蒸馏水溶解后定容至 1 000 mL。

0.2 mol/L 乙酸溶液：取乙酸 11.55 mL，用蒸馏水稀释至 1 000 mL。

X mL 0.2 mol/L 乙酸钠 + Y mL 0.2 mol/L 乙酸。

pH 值	X	Y	pH 值	X	Y
3.6	0.75	9.25	4.8	5.90	4.10
3.8	1.20	8.80	5.0	7.00	3.00
4.0	1.80	8.20	5.2	7.90	2.10
4.2	2.65	7.35	5.4	8.60	1.40
4.4	3.70	6.30	5.6	9.10	0.90
4.6	4.90	5.10	5.8	9.40	0.60

（三）磷酸氢二钠-氢氧化钠缓冲液（25 ℃）

0.05 mol/L 磷酸氢二钠：称取 Na_2HPO_4（分子量 141.98）7.03 g，用蒸馏水溶解后定容至 1 000 mL。

X mL 0.05 mol/L 磷酸氢二钠 + Y mL 0.1 mol/L 氢氧化钠，再加蒸馏水稀释至 100 mL。

pH 值	X	Y	pH 值	X	Y
11.0	50	4.1	11.5	50	11.1
11.1	50	5.1	11.6	50	13.5
11.2	50	6.3	11.7	50	16.2
11.3	50	7.6	11.8	50	19.4
11.4	50	9.1	11.9	50	23.0

（四）柠檬酸-柠檬酸钠缓冲液（0.1 mol/L）

0.1 mol/L 柠檬酸溶液：称取 $C_6H_8O_7 \cdot H_2O$（分子量 210.14）21.01 g，用蒸馏水溶解后定容至 1 000 mL。

0.1 mol/L 柠檬酸钠溶液：称取 $Na_3C_6H_5O_7 \cdot 2H_2O$（分子量 294.12）29.41 g，用蒸馏水溶解后定容至 1 000 mL。

X mL 0.1 mol/L 柠檬酸 + Y mL 0.1 mol/L 柠檬酸钠。

pH 值	X	Y	pH 值	X	Y
3.0	18.6	1.4	5.0	8.2	11.8
3.2	17.2	2.8	5.2	7.3	12.7
3.4	16.0	4.0	5.4	6.4	13.6
3.6	14.9	5.1	5.6	5.5	14.5
3.8	14.0	6.0	5.8	4.7	15.3
4.0	13.1	6.9	6.0	3.8	16.2
4.2	12.3	7.7	6.2	2.8	17.2
4.4	11.4	8.6	6.4	2.0	18.0
4.6	10.3	9.7	6.6	1.4	18.6
4.8	9.2	10.8			

（五）磷酸二氢钾-氢氧化钠缓冲液（0.05 mol/L）

0.1 mol/L 磷酸二氢钾：称取 KH_2PO_4（分子量 136.09）13.60 g，用蒸馏水溶解后定容至 1 000 mL。

0.1 mol/L 氢氧化钠：称取 NaOH（分子量 40）4 g，用蒸馏水溶解后定容至 1 000 mL。

X mL 0.1 mol/L 磷酸二氢钾 + Y mL 0.1 mol/L 氢氧化钠，再加蒸馏水稀释至 100 mL。

pH 值	X	Y	pH 值	X	Y
5.8	50	3.6	7.0	50	29.1
5.9	50	4.6	7.1	50	32.1
6.0	50	5.6	7.2	50	34.7
6.1	50	6.8	7.3	50	37.0
6.2	50	8.1	7.4	50	39.1
6.3	50	9.7	7.5	50	40.9
6.4	50	11.6	7.6	50	42.4
6.5	50	13.9	7.7	50	43.5
6.6	50	16.4	7.8	50	44.5
6.7	50	19.3	7.8	50	45.3
6.8	50	22.4	8.0	50	46.1
6.9	50	25.9			

（六）磷酸氢二钠-柠檬酸缓冲液

0.2 mol/L 磷酸氢二钠溶液：称取 Na_2HPO_4（分子量 141.98）28.40 g 或 $Na_2HPO_4 \cdot 2H_2O$（分子量 178.05）35.61 g 或 $Na_2HPO_4 \cdot 7H_2O$（分子量 267.98）53.65 g 或 $Na_2HPO_4 \cdot 12H_2O$（分子量 358.22）71.64 g，用蒸馏水溶解后定容至 1 000 mL。

0.1 mol/L 柠檬酸溶液：称取 $C_6H_8O_7$（分子量 192.14）19.21 g 或 $C_6H_8O_7 \cdot H_2O$（分子量 210.14）21.01g，用蒸馏水溶解后定容至 1 000 mL。

X mL 0.2 mol/L 磷酸氢二钠 + Y mL 0.1 mol/L 柠檬酸。

pH 值	X	Y	pH 值	X	Y
2.2	0.40	19.60	5.2	10.72	9.28
2.4	1.24	18.76	5.4	11.15	8.85
2.6	2.18	17.82	5.6	11.60	8.40
2.8	3.17	16.83	5.8	12.09	7.91
3.0	4.11	15.89	6.0	12.63	7.37

（续表）

pH 值	X	Y	pH 值	X	Y
3.2	4.94	15.06	6.2	13.22	6.78
3.4	5.70	14.30	6.4	13.85	6.15
3.6	6.44	13.56	6.6	14.55	5.45
3.8	7.10	12.90	6.8	15.45	4.55
4.0	7.71	12.29	7.0	16.47	3.53
4.2	8.28	11.72	7.2	17.39	2.61
4.4	8.82	11.18	7.4	18.17	1.83
4.6	9.35	10.65	7.6	18.73	1.27
4.8	9.86	10.14	7.8	19.15	0.85
5.0	10.30	9.70	8.0	19.45	0.55

（七）Tris-盐酸缓冲液（0.05 mol/L，25 ℃）

0.1 mol/L Tris：称取 Tris（三羟甲基氨基甲烷，分子量 121.14）12.114 g，用蒸馏水溶解后定容至 1 000 mL。Tris 溶液可从空气中吸收二氧化碳，使用时注意将瓶盖严。

X mL 0.1 mol/L Tris + Y mL 0.1 mol/L HCl，再加水稀释至 100 mL。

pII 值	X	Y	pH 值	X	Y
7.1	50	45.7	8.1	50	26.2
7.2	50	44.7	8.2	50	22.9
7.3	50	43.4	8.3	50	19.9
7.4	50	42.0	8.4	50	17.2
7.5	50	40.3	8.5	50	14.7
7.6	50	38.5	8.6	50	12.4
7.7	50	36.6	8.7	50	10.3
7.8	50	34.5	8.8	50	8.5
7.9	50	32.0	8.9	50	7.0
8.0	50	29.2			

（八）甘氨酸-氢氧化钠缓冲液（0.05 mol/L，25 ℃）

0.2 mol/L 甘氨酸：称取甘氨酸（分子量 75.07）15.01 g，用蒸馏水溶解后定容至 1 000 mL。

X mL 0.2 mol/L 甘氨酸 + *Y* mL 0.2 mol/L 氢氧化钠，再加蒸馏水稀释至 200 mL。

pH 值	*X*	*Y*	pH 值	*X*	*Y*
8.6	50	4.0	9.6	50	22.4
8.8	50	6.0	9.8	50	27.2
9.0	50	8.8	10.0	50	32.0
9.2	50	12.0	10.4	50	38.6
9.4	50	16.8	10.6	50	45.5

（九）磷酸氢二钠–磷酸二氢钠缓冲液（0.2 mol/L，25 ℃）

0.2 mol/L 磷酸氢二钠溶液：称取 Na_2HPO_4（分子量 141.98）28.40 g 或 $Na_2HPO_4 \cdot 2H_2O$（分子量 178.05）35.61 g 或 $Na_2HPO_4 \cdot 7H_2O$（分子量 267.98）53.65 g 或 $Na_2HPO_4 \cdot 12H_2O$（分子量 358.22）71.64 g，用蒸馏水溶解后定容至 1 000 mL。

0.2 mol/L 磷酸二氢钠：称取 $NaH_2PO_4 \cdot 2H_2O$（分子量 156.03）31.21 g 或 $NaH_2PO_4 \cdot H_2O$（分子量 138.01）27.6 g，用蒸馏水溶解后定容至 1 000 mL。

X mL 0.2 mol/L 磷酸氢二钠 + *Y* mL 0.2 mol/L 磷酸二氢钠。

pH 值	*X*	*Y*	pH 值	*X*	*Y*
5.8	8.0	92.0	7.0	61.0	39.0
6.0	12.3	87.7	7.2	72.0	28.0
6.2	18.5	81.5	7.4	81.0	19.0
6.4	26.5	73.5	7.6	87.0	13.0
6.6	37.5	62.5	7.8	91.5	8.5
6.8	49.0	51.0	8.0	94.7	5.3

（十）氯化钾–盐酸缓冲液（25 ℃）

0.2 mol/L 氯化钾：称取 KCl（分子量 74.595）14.919 g，用蒸馏水溶解后定容至 1 000 mL。

X mL 0.2 mol/L KCl + *Y* mL 0.2 mol/L HCl，再加蒸馏水稀释至 100 mL。

pH 值	*X*	*Y*	pH 值	*X*	*Y*
1.0	25	67.0	1.7	25	13.0
1.1	25	52.8	1.8	25	10.2
1.2	25	42.5	1.9	25	8.1

（续表）

pH 值	X	Y	pH 值	X	Y
1.3	25	33.6	2.0	25	6.5
1.4	25	26.6	2.1	25	5.1
1.5	25	20.7	2.2	25	3.9
1.6	25	16.2			

（十一）磷酸氢二钠–磷酸二氢钾缓冲液（1/15 mol/L）

1/15 mol/L 磷酸氢二钠：称取 $Na_2HPO_4 \cdot 2H_2O$（分子量 178.05）11.876 g，蒸馏水溶解后定容至 1 000 mL。

1/15 mol/L 磷酸二氢钾：称取 KH_2PO_4（分子量 136.09）9.078 g，用蒸馏水溶解后定容至 1 000 mL。

X mL 1/15 mol/L 磷酸氢二钠 + Y mL 1/15 mol/L 磷酸二氢钾。

pH 值	X	Y	pH 值	X	Y
4.92	0.1	9.90	7.17	7.00	3.00
5.29	0.5	9.50	7.38	8.00	2.00
5.91	1.0	9.00	7.73	9.00	1.00
6.24	2.0	8.00	8.04	9.50	0.50
6.47	3.0	7.00	8.34	9.75	0.25
6.64	4.0	6.00	8.67	9.90	0.10
6.81	5.0	5.00	8.18	10.00	0
6.98	6.0	4.00			

（十二）巴比妥钠–盐酸缓冲液（18 ℃）

0.04 mol/L 巴比妥钠溶液：称取巴比妥钠（分子量 206.18）8.25 g，用蒸馏水溶解后定容至 1 000 mL。

X mL 0.04 mol/L 巴比妥钠溶液 + Y mL 0.2 mol/L 盐酸溶液。

pH 值	X	Y	pH 值	X	Y
6.8	100	18.40	8.4	100	5.21
7.0	100	17.80	8.6	100	3.82
7.2	100	16.70	8.8	100	2.52
7.4	100	15.30	9.0	100	1.65

pH 值	X	Y	pH 值	X	Y
7.6	100	13.40	9.2	100	1.13
7.8	100	11.47	9.4	100	0.70
8.0	100	9.39	9.6	100	0.35
8.2	100	7.21			

（十三） 硼砂–盐酸缓冲液（25 ℃）

0.05 mol/L 硼砂溶液：称取 $Na_2B_4O_7 \cdot 10H_2O$（分子量 381.43）19.07 g，用蒸馏水溶解后定容至 1 000 mL。

X mL 0.05 mol/L 硼砂 + Y mL 0.1 mol/L 盐酸，再加水稀释至 100 mL。

pH 值	X	Y	pH 值	X	Y
8.1	50	19.7	8.6	50	13.5
8.2	50	18.8	8.7	50	11.6
8.3	50	17.7	8.8	50	9.4
8.4	50	16.6	8.9	50	7.1
8.5	50	15.2	9.0	50	4.6

（十四） 硼砂–氢氧化钠缓冲液（25 ℃）

0.05 mol/L 硼砂溶液：称取 $Na_2B_4O_7 \cdot 10H_2O$（分子量 381.43）19.07 g，用蒸馏水溶解后定容至 1 000 mL。

X mL 0.05 mol/L 硼砂 + Y mL 0.1 mol/L 氢氧化钠，用水稀释至 100 mL。

pH 值	X	Y	pH 值	X	Y
9.3	50	3.6	10.1	50	19.5
9.4	50	6.2	10.2	50	20.5
9.5	50	8.8	10.3	50	21.3
9.6	50	11.1	10.4	50	22.1
9.7	50	13.1	10.5	50	22.7
9.8	50	15	10.6	50	23.3
9.9	50	16.7	10.7	50	23.8
10.0	50	18.3			

（十五）硼酸-硼砂缓冲液（0.2 mol/L 硼酸根）

0.05 mol/L 硼砂溶液：称取 $Na_2B_4O_7 \cdot 10H_2O$（分子量 381.43）19.07 g，用蒸馏水溶解后定容至 1 000 mL。

硼砂易失去结晶水，必须在带塞的瓶中保存。

0.2 mol/L 硼酸溶液：称取 H_3BO_3（分子量 61.84）12.37 g，用蒸馏水溶解后定容至 1 000 mL。

X mL 0.05 mol/L 硼砂 + Y mL 0.2 mol/L 硼酸。

pH 值	X	Y	pH 值	X	Y
7.4	1.0	9.0	8.2	3.5	6.5
7.6	1.5	8.5	8.4	4.5	5.5
7.8	2.0	8.0	8.7	6.0	4.0
8.0	3.0	7.0	9.0	8.0	2.0

（十六）碳酸钠-碳酸氢钠缓冲液（0.1 mol/L）

0.1 mol/L Na_2CO_3 溶液：称取 $Na_2CO_3 \cdot 10H_2O$（分子量 286.2）28.62 g，用蒸馏水溶解后定容至 1 000 mL。

0.1 mol/L $NaHCO_3$ 溶液：称取 $NaHCO_3$（分子量 84.0）8.4 g，用蒸馏水溶解后定容至 1 000 mL。

X mL 0.1 mol/L Na_2CO_3 + Y mL 0.1 mol/L $NaHCO_3$。

Ca^{2+}、Mg^{2+} 存在时不得使用。

pH 值		0.1mol/L	0.1 mol/L
20 ℃	37 ℃	Na_2CO_3/mL	$NaHCO_3$/mL
9.16	8.77	1	9
9.40	9.12	2	8
9.51	9.40	3	7
9.78	9.50	4	6
9.90	9.72	5	5
10.14	9.90	6	4
10.28	10.08	7	3
10.53	10.28	8	2
10.83	10.57	9	1

（十七）广泛缓冲液（pH 值 2.6~12.0，18 ℃）

混合液 A：称取柠檬酸 6.008 g、磷酸二氢钾 3.893 g、硼酸 1.769 g 和巴比妥 5.266 g，用蒸馏水溶解后定容至 1 000 mL。

X mL 混合液 A + Y mL 0.2 mol/L 氢氧化钠，再加蒸馏水稀释至 1 000 mL。

pH 值	X	Y	pH 值	X	Y
2.6	100	2.0	7.4	100	55.8
2.8	100	4.3	7.6	100	58.6
3.0	100	6.4	7.8	100	61.7
3.2	100	8.3	8.0	100	63.7
3.4	100	10.1	8.2	100	65.6
3.6	100	11.8	8.4	100	67.5
3.8	100	13.7	8.6	100	69.3
4.0	100	15.5	8.8	100	71.0
4.2	100	17.6	9.0	100	72.7
4.4	100	19.9	9.2	100	74.0
4.6	100	22.4	9.4	100	75.9
4.8	100	24.8	9.6	100	77.6
5.0	100	27.1	9.8	100	79.3
5.2	100	29.5	10.0	100	80.8
5.4	100	31.8	10.2	100	82.0
5.6	100	34.2	10.4	100	82.9
5.8	100	36.5	10.6	100	83.9
6.0	100	38.9	10.8	100	84.9
6.2	100	41.2	11.0	100	86.0
6.4	100	43.5	11.2	100	87.7
6.6	100	46.0	11.4	100	89.7
6.8	100	48.3	11.6	100	92.0
7.0	100	50.6	11.8	100	95.0
7.2	100	52.9	12.0	100	99.6

参考文献

蔡庆生，2015. 植物生理学实验 ［M］. 北京：中国农业大学出版社.

陈刚，李胜，2016. 植物生理学实验 ［M］. 北京：高等教育出版社.

高俊凤，2006. 植物生理学实验指导 ［M］. 北京：高等教育出版社.

龚明，丁念诚，贺子义，等，1989. 盐胁迫下大麦和小麦叶片脂质过氧化伤
　害与超微结构变化的关系 ［J］. 植物学报，31（11）：841-846.

郝建军，康宗利，于洋，2006. 植物生理学实验技术 ［M］. 北京：化学工业
　出版社.

郝再彬，苍晶，徐仲，2004. 植物生理学实验 ［M］. 哈尔滨：哈尔滨工业大
　学出版社.

侯福林，2010. 植物生理学实验教程 ［M］. 2 版 . 北京：科学出版社.

侯田莹，宋曙辉，寇文丽，等，2011. 不同贮藏温度条件下薄皮甜瓜品质和
　生理特性的变化 ［J］. 中国瓜菜，24（6）：7-10，19.

胡荣海，1991. 小麦品种（系）抗逆性评价、筛选及应用 ［J］. 植物学通
　报，8（1）：9-13.

孔祥生，易现生，2008. 植物生理学实验技术 ［M］. 北京：中国农业出
　版社.

李玲，2009. 植物生物学模块实验指导 ［M］. 北京：科学出版社.

李小方，张志良，2016. 植物生理学实验指导 ［M］. 5 版 . 北京：高等教育
　出版社.

齐会楠，李学文，杨艳萍，等，2014. 不同 CO_2 浓度贮藏条件对库尔勒香梨
　果心褐变及品质的影响 ［J］. 新疆农业科学，51（3）：423-430.

孙群，胡景江，2005. 植物生理学研究技术 ［M］. 杨凌：西北农林科技大学
　出版社.

孙阳，韩占江，师建银，等，2021. 盐环境对杂交树种密胡杨生长和光合特
　性的影响 ［J］. 新疆农业科学，58（4）：634-642.

王海珍，徐雅丽，2020. 植物生理学实验指导 ［M］. 4 版 . 阿拉尔：塔里木
　大学校内教材.

王学奎，黄见良，2015. 植物生理生化实验原理和技术 ［M］. 3 版 . 北京：
　高等教育出版社.

张立军，樊金娟，2007. 植物生理学实验教程 ［M］. 北京：中国农业大学出

版社.

张蜀秋, 2011. 植物生理学实验技术教程 [M]. 北京: 科学出版社.

张亚若, 刘园, 童盼盼, 等, 2021. 不同贮藏条件对阿克苏苹果品质及糖心的影响 [J]. 新疆农业科学, 58 (3): 493-501.

张以顺, 黄霞, 陈云凤, 2009. 植物生理学实验教程 [M]. 北京: 高等教育出版社.

赵世杰, 苍晶, 2016. 植物生理学实验指导 [M]. 北京: 中国农业出版社.

赵晓梅, 张谦, 徐麟, 等, 2010. 不同贮藏条件对新疆 "赛买提" 杏品质变化的影响 [J]. 食品研究与开发, 31 (3): 176-179.

中国科学院上海植物生理研究所, 上海市植物生理学会, 1999. 现代植物生理学实验指南 [M]. 北京: 科学出版社.

宗学凤, 王三根, 2011. 植物生理研究技术 [M]. 重庆: 西南师范大学出版社.

邹琦, 2000. 植物生理学实验指导 [M]. 北京: 中国农业出版社.

Liu Y, Su M, Han Z, 2022. Effects of NaCl stress on the growth, physiological characteristics and anatomical structures of *Populus talassica×Populus euphratica* seedlings [J]. Plants, 11: 3025.